VORTRÄGE UND AUFSÄTZE ÜBER
ENTWICKLUNGSMECHANIK DER ORGANISMEN
HERAUSGEGEBEN VON WILHELM ROUX

HEFT XXVI

DIE GRUNDPRINZIPIEN DER REIN NATURWISSENSCHAFTLICHEN BIOLOGIE

UND IHRE ANWENDUNGEN IN DER PHYSIOLOGIE UND PATHOLOGIE

VON

DR. ERWIN BAUER
PRAG

Springer-Verlag Berlin Heidelberg GmbH
1920

ISBN 978-3-662-34341-8 ISBN 978-3-662-34612-9 (eBook)
DOI 10.1007/978-3-662-34612-9

I. Allgemeiner Teil.

1. Einleitende Bemerkungen zur naturwissenschaftlichen Betrachtung der Naturerscheinungen 1
2. Mechanismus und Vitalismus 6
3. Definition des Lebewesens und die drei Grundprinzipien der Biologie 9
4. Der Tod 15
5. Methode der Biologie 17

II. Teil. Anwendungen der Prinzipien in der allgemeinen Biologie und Physiologie.

6. Wachstum, Vermehrung, Fortpflanzung, notwendige Bedingungen des Todes 20
7. Reizbarkeit, Anpassung 27
8. Organisationsgrad, Tendenz der Zuchtwahl, physiologische Einheit 34
9. Zellenlehre, Zelldifferenzierung, physiologische Arbeitsteilung 40
10. Regeneration 48
11. Die Abbauprodukte. (Fermente, innere Sekretion, kompensatorische Hypertrophie) 54

III. Teil. Anwendungen der Prinzipien in der Pathologie.

12. Begriff der Krankheit, Methode der Pathologie 59
13. Atrophie, Degeneration, Entzündung 64
14. Geschwülste 71
15. Schluß 74

I. Allgemeiner Teil.

I. Kapitel.

Einleitende Bemerkungen zur naturwissenschaftlichen Betrachtung der Naturerscheinungen.

Es kann wohl als eine Regel betrachtet werden, daß je jünger eine Naturwissenschaft ist, um so mehr philosophische und erkenntnistheoretische Elemente sie enthält und umgekehrt; je älter dagegen eine Naturwissenschaft ist, um so weniger werden in ihr die philosophischen Elemente. Wenn wir nun danach urteilen wollen, so müssen wir gestehen, daß die Biologie die längste Jugendzeit durchmachte und noch immer sehr jung sein muß. Sämtliche grundlegende Begriffe der Biologie: das Leben, Lebewesen oder der Organismus, die Reizbarkeit und der Reiz usw. usw. ebenso in der Pathologie: die Krankheit, Entzündung, Geschwulst usw. sind noch immer Objekte ausgedehnter erkenntnistheoretischer Auseinandersetzungen. Die Physik und die Chemie hatten auch ihre ähnlichen Jugendperioden durchzumachen gehabt, wo z. B. über die Frage, was ist Kraft und was ist Materie, viel gestritten wurde. Wenn man die Geschichte der Naturwissenschaften genauer betrachtet, so wird man auch sehen, daß, so viel auch über gewisse derartige Fragen diskutiert wurde, diese Diskussionen keinen fördernden Einfluß auf die betreffende Naturwissenschaft übten. Der Grund hierfür liegt eben darin, daß jede Naturwissenschaft ihre speziellen Begriffe bilden muß und die Art und Weise der naturwissenschaftlichen Begriffsbildung eine von der philosophischen und erkenntnistheoretischen verschiedene ist. Sie ist dagegen in sämtlichen Naturwissenschaften gemeinsam, aber die gemeinsame Betrachtungsweise führt je nach den zu betrachtenden verschiedenen Naturerscheinungen zu verschiedenen Begriffen.

Es liegt uns fern, eine ausführliche Analyse der naturwissenschaftlichen Begriffsbildung und Erklärungsweise hier zu geben, doch erachten wir es für notwendig in den Hauptzügen dieselbe zu skizzieren, wodurch die folgenden Kapitel ein besseres Verständnis finden werden.

Die Erscheinungen der Natur sind, ganz unbefangen betrachtet, ein unverständliches, gesetzloses Durcheinander. Die Naturwissenschaft versucht nun dieselben zu klären, indem sie zwischen den verschiedenen Erscheinungen konstante Zusammenhänge sucht. Diese Zusammenhänge bestehen darin, daß die eine Art Erscheinung immer mit der anderen gleichzeitig auftritt oder von ihr gefolgt wird. Ein solcher Zusammenhang ist z. B., wenn ich sage: wenn eine ausgespannte Saite angeschlagen wird, so erklingt ein Ton, oder, wenn es blitzt, so folgt immer ein Donnern. Diese Zusammenhänge dienen dann zur Orientierung in dem großen Durcheinander der Erscheinungen. Wenn wir gesehen haben, daß die eine Erscheinung mit der anderen zusammenhängt, indem sie dieselbe bedingt, so werden wir beim Auftreten dieses Zusammenhanges in einem anderen Falle die Erscheinungen »verstehen«, wenn wir die mit ihr zusammenhängende bedingte Erscheinung finden können. Es kann uns nun begegnen, daß wir eine Erscheinung sehen, ohne die gemeinte bedingende Erscheinung zu finden und dann sagen wir, diese Erscheinung ist nicht verständlich, ist »unerklärt«. Wenn wir aber eine Teilerscheinung der bedingenden Erscheinung auch hier als bedingende Erscheinung erblicken und diese Erscheinung auch allein ständig mit der bedingten zusammenhängt, dann haben wir einen anderen Zusammenhang, der uns nun eine größere Gruppe von Erscheinungen in Zusammenhang bringt, eine größere Gruppe von Naturerscheinungen erklärt. Die Naturwissenschaft sucht also nach Zusammenhängen in den Erscheinungen, ist bei einer Erscheinung ein solcher Zusammenhang, den sie als konstant angenommen hat, zu erkennen, so ist ihr diese Erscheinung vollkommen erklärt. Jede Frage, die über das hinausgeht, ist keine naturwissenschaftliche Frage und wird die Naturwissenschaft selbst nie fördern. Anders formuliert, kann man auch sagen, die Naturwissenschaften fragen nur nach den notwendigen und hinreichenden Bedingungen der Naturerscheinungen, die selbst Naturerscheinungen sein sollen.

Eine sehr zu betonende Sache ist es nun, daß, wie gesagt, die Naturerscheinungen ein gesetzloses Durcheinander sind. Die Gesetze, Zusammenhänge konstruieren wir in der oben angegebenen Weise. Und zwar geschieht das, da ja keine Gesetze präexistieren, die aufgesucht werden sollen, eigentlich willkürlich. Wir können also aus dem Durcheinander beliebige Erscheinungen in Zusammenhang bringen, denn die Erfahrung selbst, auf die man sich so gern beruft, wenn man die unumstößliche Exaktheit der naturwissenschaftlichen Tatsachen beweisen will, läßt einen fast unbeschränkten Spielraum für die Wahl. Die Naturerscheinungen ändern sich nicht, nur die Naturgesetze! Wie ist das zu verstehen und was beeinflußt die Naturwissenschaft doch in dem Aufsuchen der Zusammenhänge, was beschränkt unsere Willkür? Hier hat die Naturwissenschaft ihre einzige Richtschnur: die Fruchtbarkeit. Es gibt Zusammenhänge, die uns sehr wenig Tatsachen erklären, dagegen sind es wieder andere, die uns sehr viele Tatsachen einfach verständlich machen. Je mehr Tatsachen je einfacher ein Zusammenhang zu erklären vermag, um so fruchtbarer ist er. Diese Fruchtbarkeit eines Zusammenhanges ist das einzige Kriterium für seinen naturwissenschaftlichen Wert.

Jetzt kommen wir auf unsere eigentliche Frage der Begriffsbildung. In der Naturwissenschaft existieren zweierlei Begriffe. Die erste Gruppe bereitet keine Schwierigkeiten, sie können wir einfach Objektsbegriffe nennen. Das sind Begriffe, die sich auf verschiedene Objekte beziehen, die im Begriff definierte gemeinsame Merkmale haben, so z. B. der Begriff des Elementes, der Verbindung in der Chemie, der Begriff der Flüssigkeit in der Physik, der der Zelle in der Biologie. Sie haben das charakteristische, daß sie Objekte mit konstanten unveränderlichen Eigenschaften in sich fassen. Die zweite Gruppe, die uns hier besonders interessiert, weil sie die meisten Wirrnisse hervorruft, könnten wir am besten die Funktionsbegriffe nennen. Solche sind der Begriff Kraft, Energie in der Physik, Valenz in der Chemie, das Leben in der Biologie. Diese Begriffe fassen nicht unveränderliche Objekte unter sich, sie sind nichts weiter als Namen für konstante Zusammenhänge, Beziehungen, Funktionen von Naturerscheinungen. Und das muß sehr vor Augen gehalten werden, damit man sich ja vor den Fragen hütet: Was ist Kraft? Was ist Valenz? Was ist Leben?

Denn das sind auch keine Beziehungen, das sind nur Namen, Bezeichnungen für ganz bestimmte, meist jedenfalls zum großen Teil willkürlich konstruierte Beziehungen, Zusammenhänge, Funktionen.

Unsere Antwort kann also nur lauten: Kraft ist der Name für die in der Physik fruchtbar gebrauchte Funktion: m. a. (Masse mal Beschleunigung). Valenz ist der Name für eine in der Chemie angewandte Verhältniszahl, und Leben ist der Name für eine vermutete, aber nicht bekannte Beziehung gewisser Körper zu ihrer Umgebung.

Das sind also keine Begriffe im eigentlichen Sinne des Wortes, sie fassen keine Vielheit von Individuen unter sich, nur die bestimmten Beziehungen, die sie bezeichnen, die fassen eine Reihe von Einzelfällen als Individuen unter sich. Diese Funktionsbgeriffe haben also nur die Bedeutung von einer ökonomischen Bezeichnung, einer bequemeren Ausdrucksweise. Wenn wir also zur Erklärung einer Erscheinung von der Wirkung der lebendigen Kraft sprechen, so heißt das nur, daß in diesem Falle derselbe Zusammenhang $^1/_2\, m\, v^2$, dieselben Bedingungen vorhanden sind, wie in anderen Fällen, also ist damit die Erscheinung erklärt. Es folgt daraus, daß eine Diskussion über den begrifflichen Inhalt dieser Begriffe eine absolut verfehlte Sache ist. Denn entweder bezeichnet der Name eine aufgefundene Relation oder aber nicht. Bezeichnet er aber keine Relation, so kann man nicht zu dem Namen einen Zusammenhang suchen. Eben hier hat die Erkenntnistheorie und Philosophie ihre andere Art der Begriffsbildung. In der Naturwissenschaft gibt es nur Objektbegriffe und Namen für Beziehungen. In der Philosophie hat alles genau Definierte seinen Sinn, indem es durch die Definition existenzberechtigt wird. Der Prozeß in der Naturwissenschaft muß den umgekehrten Weg gehen: findet man einen bestimmten Zusammenhang und will man mit demselben Spezialfälle desselben erklären, so gibt man ihm einen Namen der Einfachheit halber und verwendet dann nur mehr den Namen zur Erklärung.

Nun sehen wir aber, wie gesagt, daß in den jungen Naturwissenschaften der gegenteilige Prozeß sich vollzieht, man hat die Namen und hat keine Zusammenhänge, die damit zu bezeichnen wären. Solange die Wissenschaft eben noch jung ist, hat sie noch wenig Zusammenhänge, aber die vermuteten und instinktiv gesuchten Zusammenhänge haben schon ihre Namen. Wenn dann Zusammenhänge gefunden werden, so werden diese im Wortgebrauch verwendeten Namen oft als Bezeichnung für diesen Zusammenhang gewählt, obwohl sie gar nicht miteinander, oder nur sehr wenig zu tun haben können. Unter dem Wort Kraft vermuteten die Alten jedenfalls etwas wesentlich anderes als die Relation: *m. a.*

Es ist natürlich, daß eine junge Naturwissenschaft, die noch keine oder nur sehr wenige und spezielle Zusammenhänge, aber ein großes Gebiet und eine große Anzahl von Tatsachen vor sich hat, mit solchen Namen, die im Wortgebrauch präexistieren, die aber keine bestimmten Zusammenhänge bezeichnen, operiert; bis sie soweit kommt, daß sie diese entweder völlig ausrottet, oder ihnen einen Sinn geben kann, d. h. einen bestimmten Zusammenhang mit ihnen bezeichnet. Hat sie dieses Stadium erreicht, so können wir sie als reine Naturwissenschaft bezeichnen. Die Biologie hat dieses Stadium noch nicht erreicht, sie ist noch keine reine Naturwissenschaft. Jede Naturwissenschaft trachtet also bestimmte Zusammenhänge zu finden und gibt diesen Zusammenhängen aus rein ökonomischen Gründen einen Namen. Wir haben gesehen, daß diese Zusammenhänge zum großen Teil willkürlich angenommen sind und natürlich nur ihre bestimmte Form von der Erfahrung abhängig ist. Die einzelnen Naturwissenschaften grenzen sich nur insofern voneinander ab, daß sie zwischen bestimmten Erscheinungsgruppen ihre Zusammenhänge suchen. Nachdem nun das Objekt der Zusammenhänge ein verschiedenes ist, so muß natürlich die Form des Zusammenhanges auch eine verschiedene sein, es müssen andere Zusammenhänge sein. Wenn wir nun, wie oben ausgeführt, die Zusammenhänge bezeichnen wollen, so müssen wir auch andere Bezeichnungen wählen. Will also die Biologie ihr Ziel, eine reine Naturwissenschaft zu werden, erreichen, so muß sie eben ihre neuen Zusammenhänge aufsuchen, ihre neuen Funktionsbegriffe bilden, ebenso wie sie ihre neuen Objektsbegriffe bildet.

Jetzt noch der Vollständigkeit halber einige Worte über die Theorie. Wie wir gesehen haben, sind wir in dem Suchen nach Zusammenhängen von der Erfahrung nur insofern beschränkt, als sie uns das Material für die Zusammenhänge: die Erscheinungen selbst, liefert. Das Kriterium für den Wert des Zusammenhanges haben wir in seiner Fruchtbarkeit. Wir können aber oft viel fruchtbarere Zusammenhänge zwischen Erscheinungen konstruieren, die selbst nicht in der Erfahrung gegeben sind, die aber angenommen und in Zusammenhang gebracht, die Erscheinungen der Erfahrung viel fruchtbarer erklären, d. h. viel mehr Erscheinungen der Erfahrung in bestimmte und konstante Zusammenhänge zu bringen gestatten. Einen solchen nicht aus Erfahrungsobjekten genommenen Zusammenhang nennen wir eine Theorie; einen aus Erfahrungsobjekten gewonnenen Zusammenhang dagegen Gesetz, Satz, Grundsatz oder Prinzip. Der Unterschied ist nur dieser. Dagegen haben Theorie und Gesetz gemeinsam die Willkür der Konstruktion des Zusammenhanges selbst.

II. Kapitel.
Vitalismus und Mechanismus.

In der Biologie stehen sich bekanntlich seit jeher zwei Richtungen einander gegenüber. Die eine, welche die »mechanistische« genannt wird, läßt sich kurz darin zusammenfassen, daß die Lebenserscheinungen nichts weiter darstellen, als komplizierte physikalisch-chemische Erscheinungen, die Lebewesen komplizierte physikalisch-chemische Apparate. Die Aufgabe der Biologie ist also die chemische Zusammensetzung der Lebewesen zu eruieren und die physikalisch-chemischen Bedingungen ihrer Wirkungen zu untersuchen, wodurch jede Lebenserscheinung ihre Erklärung finden wird. D. h. jedes Lebewesen ist eine »Maschine«, die auf Grund der schon bekannten physikalischen und chemischen Gesetze aufgebaut ist und die Aufgabe des Biologen ist die physikalischen und chemischen Triebkräfte und ihr Zusammenwirken in dieser Maschine zu finden, auf welche sämtliche Leistungen dieser Maschine: die Lebensfunktionen, zurückgeführt, also erklärt werden können. Die zweite Auffassung, welche den Namen »Vitalismus« bekommen hat, behauptet, daß in den Lebenserscheinungen eine eigenartige Kraft, die »Lebenskraft« in Wirkung tritt, die mit den bisher bekannten physikalischen und chemischen Kräften nicht gemeinsam ist und deren Wirkungsbedingung nur in den Lebewesen gegeben ist. Das Hauptargument der Vitalisten ist die Tatsache, daß es bisher nicht gelungen sei, die Lebenserscheinungen restlos mechanistisch zu erklären und diese doch eine ausgesprochene abgegrenzte Gruppe der Naturerscheinungen darstellen; dagegen ist nun das Argument der »Mechanisten«, daß eine rasche Lösung der erwähnten Aufgabe bei der Kompliziertheit der Einrichtung der Maschine und Erscheinungen auch nicht zu erwarten ist, hingegen zeigen sämtliche Untersuchungen, daß die physikalischen Gesetze auch hier giltig sind. Wir haben also hier vorgefaßte Meinungen, die auch so ausgedrückt werden können: nach den »Mechanisten« werden wir in den Lebewesen nichts neues finden, nur Spezialfälle von Maschinenkonstruktionen, nach den »Vitalisten« dagegen werden wir etwas eigenartiges, etwas neues finden, einen Rest, der mechanistisch nicht erklärbar ist, der auf die Gesetze der Physik und Chemie nicht zurückführbar ist.

Das Resultat dagegen ist, daß wir eine Fülle emsig gesammelter Tatsachen bekommen von den Mechanisten gesammelt, um zu zeigen, daß dabei nichts »biologisches« ist; von den Vitalisten, um zu zeigen, daß sie naturwissenschaftlich nicht erklärbar sind.

Die Tatsachen, die so gesammelt werden, können natürlich als rohes Material für eine spätere naturwissenschaftliche Betrachtung derselben, als Notierung von Naturerscheinungen sehr nützlich sein, aber zu bestimmten Zusammenhängen, zu Gesetzen kann ein derartiges Materialsammeln natürlich nicht führen, zur naturwissenschaftlichen Erklärung von Naturerscheinungen also auch nicht. Die mechanistische und vitalistische Auffassung kann uns auch nichts erklären, denn das sind vorgefaßte Meinungen oder Auffassungen, aber keine Theorien, denn unter Theorien verstehen wir, wie wir aus dem ersten Kapitel wissen, eine Konstruktion eines bestimmten Zusammenhanges zwischen nicht beobachteten Elementen.

Nehmen wir nun an, die Auffassung der Vitalisten wäre das richtige, so wäre diese eine völlig unfruchtbare, wenn man nur dabei bliebe, eine vitale Kraft anzunehmen und alles unerklärliche auf dieselbe zurückzuführen. Es müßten vielmehr spezielle Eigenschaften, Wirkungsbedingungen dieser Lebenskraft aus der Erfahrung aufgesucht oder postuliert werden, d. h. spezielle biologische Prinzipien und Begriffe, die aus der Erfahrung verallgemeinert oder rein begrifflich konstruiert werden; um die Tatsachen dann auf diese zurückführen, also erklären zu können; ebenso, wie sich die Chemie ihre Begriffe der Valenz, der Isomerie usw. geschaffen hat.

Wäre aber die mechanistische Auffassung die richtige, so ändert das auch nichts an der Tatsache, daß wir es in der Biologie, d. h. bei den Lebewesen mit einer eigenartigen Gruppe der Naturerscheinungen zu tun haben, mit einer Fülle von unzusammenhängenden, nicht erklärten Tatsachen. Wollen wir daher diese Tatsachen beschreiben und erklären, so müssen wir ebenso, wie es jede reine Naturwissenschaft tut, nach gemeinsamen Erscheinungen suchen, die für diese Gruppe der Naturerscheinungen charakteristisch sind. Nach bestimmten Zusammenhängen dieser Erscheinungen und nach den notwendigen und hinreichenden Bedingungen derselben. Wir müssen also auch auf diese Weise zu speziell biologischen Begriffen, Prinzipien oder Resultaten gelangen. Dabei ist es eine ganz andere Frage, ob nun diese biologischen Prinzipien und Begriffe auf mechanische zurückzuführen sein werden oder nicht; dieses können wir stillschweigend annehmen oder leugnen.

Um dieses besser zu erläutern, nehmen wir wieder das Beispiel der Chemie. Die Chemie ist auf dem besten Wege, sämtliche chemischen Erscheinungen auf rein physikalische zurückzuführen, ihre Begriffe der Affinität, der Valenz, der Moleküle und Ione usw. d. h. die Beziehungen zwischen den Erscheinungsgruppen, die durch diese Begriffe bezeichnet werden, werden allmählich auf rein physikalische zurückgeführt. Es wäre aber etwas ganz unfruchtbares, diese bewährten chemischen Begriffe und Prinzipien nicht mehr anzuwenden, da sie sich doch zur Erklärung einer gewissen Gruppe von Naturerscheinungen so gut bewähren, fallen zu lassen, mit der Begründung, sämtliche chemischen Erscheinungen werden sich ja physikalisch erklären lassen. Daß dies überhaupt so weit geschehen kann, ist auch nur den speziellen chemischen Begriffen und Prinzipien zu verdanken. Ganz analog steht es mit der Biologie; *damit es überhaupt dazu kommen kann, die Lebenserscheinungen mechanistisch erklären zu können, müssen erst fruchtbare, rein biologische Begriffe und Prinzipien geschaffen werden.*

Wir sehen also, daß aus rein naturwissenschaftlichem Standpunkte die Auffassungen des Vitalismus und Mechanismus in bezug auf die Biologie, soll sie eine reine Naturwissenschaft werden, völlig irrelevant sind. Sie ist keine naturwissenschaftliche Frage; sie kann so zusammengefaßt werden: Falls die Biologie nach Art der reinen Naturwissenschaften behandelt, ihre eigenen Begriffe und Prinzipien haben wird, werden dieselben auf chemische und physikalische zurückgeführt werden können oder nicht?

Wenn wir aber von diesen rein spekulativen Fragen absehen, die nicht in das Gebiet der reinen naturwissenschaftlichen Biologie gehören, und mit der Methode der Naturwissenschaften zur Behandlung der Lebenserscheinungen an das Werk gehen, so werden wir mit den bisherigen Begriffen und Prinzipien sicherlich nicht auskommen und wir werden es nötig haben, eigene Begriffe und Prinzipien zu suchen, die zur Erklärung der Lebenserscheinungen geeignet sind. Und ebenso wie in den übrigen Naturwissenschaften haben wir hier auch das Kriterium dieser Begriffe und Prinzipien in ihrer Fruchtbarkeit gegeben, d. h. darin, ob sie möglichst viel Erscheinungen möglichst einfach zu erklären gestatten.

Es soll also speziell dem Mechanisten gegenüber betont werden, daß eben die rein naturwissenschaftliche Behandlung der Lebenserscheinungen, wie die Physik es tut, uns zwingend zu neuen biologischen Begriffen und Prinzipien führt. Den Vitalisten gegenüber wollen wir aber betonen, daß durch die Annahme von speziell biologischen Begriffen und Prinzipien nichts über eine Lebenskraft oder dergleichen ausgesagt wird.

III. Kapitel.

Definition des Lebewesens und die drei Grundprinzipien der Biologie.*)

Es ist berechtigt, die Biologie als selbständige Wissenschaft abzugrenzen, weil wir es mit instinktiver Sicherheit aussagen können, ob etwas lebt, daß wir also annehmen, daß die Lebewesen eine eigenartige Gruppe von Naturerscheinungen darstellen, die ihre besonderen, be-

*) S. über diesen Teil auch meinen kurzen Aufsatz: Definition des Lebewesens usw. in: Naturwissenschaften H. 18. 1920.

stimmten Zusammenhänge und Gesetze zu ihrer Erklärung benötigen. So entstand der Begriff des Lebens, von welchem wir aussagten, daß er nur eine Bezeichnung für einen vermuteten Zusammenhang ist.

Es gilt nun das Gebiet der Biologie abzugrenzen, einen Zusammenhang zwischen der Gruppe der Lebewesen zu finden, der zur Erklärung dieser Gruppe der Naturerscheinungen fruchtbar verwendet werden kann. Aus diesen und den in Kap. I. ausgeführten Gründen werden wir also nicht fragen: Was ist das Leben? Auch die Geschichte der Biologie kann uns als Beispiel dafür dienen, daß diese Fragestellung zur Erklärung der Tatsachen immer unfruchtbar geblieben ist, obwohl wahrscheinlich sämtliche Definitionen des Lebens auch Richtiges enthielten.

Der Weg, den wir gehen wollen, ist der, daß wir ein empirisches Kriterium, ein gemeinsames Merkmal der Erscheinungen selbst, also der Lebewesen zu finden versuchen, welches uns ein Gebiet genau abgrenzt, also einen Zusammenhang zwischen gewissen Naturerscheinungen darstellt und nachsehen, ob in dem, durch dieses Kriterium abgegrenzten Gebiete weitere fruchtbare Zusammenhänge gefunden werden können, die zur Erklärung der Tatsachen dieses so abgegrenzten Gebietes fruchtbar verwendet werden können. Ist dies der Fall, so ist die Abgrenzung berechtigt, dann hat das Kriterium einen naturwissenschaftlichen Wert; ist dies nicht der Fall, dann muß nach einem besseren gesucht werden. Im Folgenden wollen wir nun ein Kriterium der Lebewesen benutzen, das bei richtiger Bewertung seiner Konsequenzen uns im obigen Sinne fruchtbar erscheint.

Jedes Lebewesen hat das Charakteristische, daß es ein System ist, welches bei der gegebenen Umgebung nicht im Gleichgewichtszustand ist und so eingerichtet ist, daß die Energiequellen und Energieformen seiner Umgebung in demselben in solche Energieformen umgewandelt werden, die bei der gegebenen Umgebung gegen den Eintritt des Gleichgewichtszustandes wirken.

Wir nennen also jedes Körpersystem, welches bei der gegebenen Umgebung nicht im Gleichgewichtszustande ist, und so eingerichtet ist, daß die Energieformen seiner Umgebung in ihm zu solchen Energieformen umgewandelt werden, welche bei der gegebenen Umgebung gegen den Eintritt des Gleichgewichtszustandes gerichtet sind, ein Lebewesen.

Jedes Körpersystem, welches der obigen Definition entspricht, nennen wir ein Lebewesen. Diese Definition ist keine rein willkürlich konstruierte, sondern entspricht der Abgrenzung, die instinktiv und im Wortgebracuh schon seit jeher benützt wurde. Denn wie wohl jeder, der den Sinn der obigen Definition genau vor Augen hält, selbst konstatieren kann, daß wir tatsächlich alles als ein Lebewesen ansprechen, was der obigen Definition entspricht und nichts als Lebewesen bezeichnen, was derselben nicht entsprechen würde.

Somit ist also das Gebiet der Biologie genau abgegrenzt: sie beschäftigt sich mit den Lebewesen, mit einer durch die oben angegebenen Eigenschaften abgegrenzten Gruppe von Naturerscheinungen. Sie hat die Aufgabe in dieser Gruppe der Naturerscheinungen für dieselbe charakteristische Zusammenhänge zu finden, welche zur Erklärung derselben fruchtbar verwendet werden können. Das ist ihre Aufgabe und das ist ihre Berechtigung. Wären nämlich keine solche für diese Gruppe charakteristische Zusammenhänge zu finden, so wäre die Abgrenzung, also unsere Definition wertlos und es würden die »Mechanisten« Recht behalten. Im folgenden soll nun gezeigt werden, daß das Gegenteilige der Fall ist. Bevor wir aber noch weiter gehen, wollen wir uns aus ökonomischen Gründen, damit wir nicht immer wieder die lange Definition gebrauchen müssen, in Folgendem einigen: diese Beziehung eines Körpersystems zur Umgebung, die wir in unserer obigen Definition gegeben haben, werden wir mit dem Wort: Leben bezeichnen:

Aus unserer Definition folgt zuerst der Satz I: Solange die Umgebung des Lebewesens dieselben Energiequellen besitzt, muß das Leben des Lebewesens nicht notwendigerweise aufhören.

Nachdem das Lebewesen die Energiequellen der Umgebung zur Vermeidung des Gleichgewichtszustandes verwertet, das Leben aber eben diese oben definierte gleichgewichtsvermeidende Beziehung bezeichnet, so ist die einzige Bedingung des Lebens die Unveränderlichkeit der Energiequellen der Umgebung.

(Hierbei wird angenommen, daß die Einrichtung nicht zerstört wird. Über diese Zerstörung soll im Kapitel »Anpassung« noch gesondert gehandelt werden.)

Diese Folgerung wird auch durch die Erfahrungstatsachen der Biologie bestätigt. In den Sätzen von der Unsterblichkeit der Einzelligen, von der Unsterblichkeit des Keimplasmas, von der Kontinuität des Lebens, welche Sätze in der Biologie aufgestellt wurden, sehen wir die Bestätigung unseres I. Satzes durch die Erfahrung ausgedrückt. Bei diesen Betrachtungen wird wohl jeder einen Widerspruch mit der Tatsache des gesetzmäßig eintretenden Todes der Metazoen vermuten. Wir hoffen, daß sich diese Widersprüche in den folgenden Kapiteln befriedigend und fruchtbar lösen werden, wenn wir sehen werden, wie die Grundsätze, die wir aufstellen, zusammenwirken. Hier handelt es sich uns hauptsächlich darum, die Grundprinzipien darzulegen und aus der Definition abzuleiten.

Satz II: Sämtliche vom Lebewesen aus der Umgebung aufgenommene Energie muß restlos zur Vermeidung des Gleichgewichtszustandes verwertet werden.

Wir definierten: das Lebewesen verwertet die Energiequellen der Umgebung zur Vermeidung des Gleichgewichtszustandes bei der gegebenen Umgebung.

Unser I. Satz sagt aus: bei gleichbleibenden Energiequellen tritt nie notwendigerweise Gleichgewichtszustand ein.

Die in unserer Definition gegebenen Bedingungen fordern nun, daß mindestens zwei verschiedene Energieformen der Umgebung auf das Lebewesen einwirken. Die eine Energieform A, welche zur Vermeidung des Gleichgewichtszustandes verwertet wird, dem Lebewesen von der Umgebung zugeführte Energie; die zweite Energieform B, welche energievermindernd auf das Lebewesen einwirkt. Als Beispiel können wir bei den Warmblütern für die erste Form die chemische Spannkraft, für die zweite die Wärme nehmen.

Damit nun nach Satz I nie ein Gleichgewichtszustand eintrete, muß das Lebewesen ständig Arbeit leisten können. Diese Arbeit muß so groß sein, daß sie die gleichgewichtsherstellende Arbeit der Energieform B (in unserem Beispiel die temperaturerniedrigende Einwirkung der Umgebung) paralysiere, sie muß ihr also äquivalent sein.

Würden wir annehmen: die Menge der aufgenommenen Energieform A ist ständig größer, als die Menge der Energieform B, so würde das dazu führen, daß im Lebewesen bei der gegebenen Umgebung die in Arbeit umwandelbare Energiemenge sich ständig vermehren würde, was nach den Gesetzen der Energetik unmöglich ist. (Das wäre das perpetuum mobile II. Art).

Würden wir aber annehmen, daß die Menge der aufgenommenen Energieform A ständig kleiner ist als der die Energieform B, so müßte eine geringere Menge Energie einer größeren Menge äquivalent sein, was ebenfalls den Gesetzen der Energetik widerspricht.

Soll also das Lebewesen, wie unser Satz I aussagt, immer am Leben bleiben, also nie in Gleichgewichtszustand kommen, dann kann die aufgenommene Energiemenge zeitweise mehr sein, als die zur Vermeidung des Gleichgewichtszustandes abgegebene, es kann also im Lebewesen eine zeitlich beschränkte Energievermehrung stattfinden; sie muß aber mit der Zeit doch wieder zur Vermeidung des Gleichgewichtszustandes verwertet werden. Dieses sagt aber unser Satz II.

Bevor wir nun noch zu unserem III. und letzten Prinzip übergehen, wollen wir auch unseren Satz II. in die biologische Sprache übersetzen. Die Beziehung eines Körpersystems zur Umgebung, daß es nicht in Gleichgewichtszustand mit demselben kommt, nannten wir das Leben; die Arbeitsleistungen des Lebewesens, d. h. die Umwandlung der einen Energieform A der Umgebung in die andere Energieform B nennen wir: die Lebensfunktionen des Lebewesens.

Diejenigen Lebensfunktionen eines Lebewesens, die zur Vermeidung des Eintrittes des Gleichgewichtszustandes dienen, nennen wir: regulatorisch.

In dieser biologischen Terminologie lautet unser Satz II: Sämtliche Lebensfunktionen eines Lebewesens sind notwendigerweise regulatorisch. Diese zweite Folgerung sehen wir ebenfalls bestätigt, indem W. Roux schon im Jahre 1881 das Prinzip aufstellte: daß »die ‚Selbstregulation‘ in allen Verrichtungen, ein charakteristisches Vermögen aller Lebewesen ist«. Nachdem ich glaube, daß meine Definition des Regulatorischen genau das umfaßt, was auch von Roux als regulatorisch bezeichnet wird, so scheint mir diese Übereinstimmung mit meinen rein energetisch-quantitativen Folgerungen von nicht geringer Beweiskraft für die Richtigkeit dieser sowie der Definition selbst zu sein.

Unser Satz III lautet: sämtliche Energieformen, die bei den verschiedenen Einwirkungen der Teile des Lebewesens aufeinander frei werden, müssen zur Deckung der regulatorischen Lebensfunktionen verbraucht werden.

Dieser III. Satz ist eine direkte Folge des II. Satzes, er ist aber für die Biologie von Bedeutung, denn die Lebewesen sind erfahrungsgemäß so eingerichtet, daß in ihnen nicht eine Energieform A der Umgebung (Energiequelle) direkt in die andere Energieform B der Umgebung transformiert wird, sondern die verschiedensten Umwandlungen in die verschiedensten Energieformen; wie in mechanische, Wärme-, elektrische, osmotische Energien bei der Einwirkung der einzelnen Teile des Lebewesens aufeinander stattfinden. Nachdem aber laut Satz II sämtliche aus der Umgebung aufgenommene Energie zur Deckung der regulatorischen Lebensfunktionen verbraucht werden müssen, so kann bei den verschiedenen Transformationen, die innerhalb des Lebewesens stattfinden, nichts verloren gehen, was eben unser Satz III aussagt.

Wenn wir die Energie-Umwandlungen und Arbeitsleistungen, die innerhalb des Lebewesens notwendigerweise stattfinden müssen, die Lebensvorgänge des Lebewesens nennen, so lautet unser Satz III in biologischer Sprache ausgedrückt:

Satz III: Sämtliche Lebensvorgänge eines Lebewesens sind notwendigerweise regulatorisch.

Diese drei Sätze, die wir aus unserer Definition des Lebewesens ableiten konnten, wollen wir nun in den folgenden Ausführungen als die drei Grundprinzipien der Biologie bezeichnen. Die Aufgabe der weiteren Kapitel soll es sein nachzuweisen, daß die Erscheinungen an den Lebewesen: die Lebenserscheinungen auf dieselben zurückführbar und somit mit denselben erklärbar sind; die Prinzipien also sich fruchtbar erweisen.

IV. Kapitel.

Der Tod.

Die Definition des Todes bereitete in der Biologie dieselben Schwierigkeiten, wie die des Lebens und bei dem Versuch ihn zu definieren, wurden natürlich dieselben Fehler in der Fragestellung begangen, wie wir sie im vorangehenden Kapitel bei der Definition des Lebens erwähnten. Wenn wir den Tod definieren wollen, d. h. untersuchen wollen, welche ist diejenige Beziehung der Körper zu ihrer Umgebung, die wir mit dem Namen Tod bezeichnen, so sehen wir, daß wir damit eigentlich keine bestimmte Beziehung bezeichnen wollen, denn wir nennen alles tot, was kein Lebewesen ist. Mit dem Namen Tod bezeichnen wir also alle jene beliebigen Beziehungen, die zwischen Körper und ihrer Umgebung möglich sind, die der mit dem Namen Leben bezeichneten Beziehung nicht entsprechen. Die Definition des Todes wird also nur negative Merkmale haben. Wenn wir also mit dem Namen Leben diejenige bestimmte Beziehung eines Körpersystems zur Umgebung bezeichnen, welche wir als für das Lebewesen charakteristisch genau bestimmten, so werden wir mit dem Namen Tod sämtliche möglichen Beziehungen bezeichnen, die die Merkmale der obigen nicht besitzen.

Tod bedeutet jede beliebige Beziehung eines jeden beliebigen Körpersystems zu seiner Umgebung, mit Ausnahme der für die Lebewesen angegebenen bestimmten Beziehungen.

Tot nennen wir also jedes Körpersystem, welches bei der gegebenen Umgebung im Gleichgewichtszustand ist, oder zwar nicht im Gleichgewichtszustand ist, aber die Energieformen der Umgebung nicht zur Vermeidung des Eintritts vom Gleichgewichtszustande bei der gegebenen Umgebung verwertet.

Die toten Körpersysteme sind nicht mehr Gegenstand der Biologie, mit ihnen beschäftigt sich die Physik und die Chemie. Dies hat seinen Grund nicht darin, als ob die Gesetze der Physik und der Chemie auch im Lebewesen sich nicht bewähren würden, wohl aber darin, daß sie hier eben wegen der besonderen Einrichtungen nicht in der gewöhnlichen Form zutage treten.

Nach den Gesetzen der Physik müßte das spezifisch schwerere Wassertierchen im Wasser untersinken, müßte der Warmblüter die Temperatur der Umgebung annehmen, müßte die Wirkung und Gegenwirkung immer gleich sein. Alles dies ist nun bei den Lebewesen nicht der Fall. Wie gesagt, nicht weil die Gesetze der Physik hier nicht anwendbar wären, sondern weil hier eben die besonderen Umstände herrschen, die wir in unserer Definition des Lebewesens gegeben haben und diese besonderen Umstände ihre besonderen Zusammenhänge, Gesetze haben und die Biologie hat die Aufgabe eben diese Zusammenhänge aufzusuchen.

Wenn wir aber auch sagten, daß die toten Köpersysteme in das Gebiet der Physik und Chemie gehörten, so gehört der Begriff des Todes (also die Beziehungen, die mit diesem Namen bezeichnet werden) noch aus einem ganz besonderen Grunde in das Gebiet der Biologie. Dieser Grund ist der, daß die Lebewesen unter gewissen Umständen ihre für sie charakteristischen Beziehungen zur Umgebung verlieren können, sie können unter gewissen Bedingungen in eine Beziehung zur Umgebung übergehen, wo sie mit derselben in Gleichgewichtszustand kommen, die Energieformen der Umgebung nicht mehr zur Vermeidung des Gleichgewichtszustandes verwerten, sie können also in eine Beziehung zur Umgebung übergehen, wo die Gesetze der Physik auf sie angewandt klar zutage treten, sie können mit einem Wort ausgedrückt: sterben. Das Wassertierchen wird dann laut Gesetz der Schwere, wenn es spezifisch schwerer ist als das Wasser, auf den Boden sinken. Der Warmblüter wird die Temperatur der Umgebung aufnehmen, die Wirkung und Gegenwirkung eines auf das Lebewesen ausgeübten Stoßes und Druckes wird gleich, bis schließlich ein vollständiger Gleichgewichtszustand eintreten wird. Der Tod tritt also mit dem Zeitpunkt ein, in welchem die aufgenommenen Energiemengen und Energieformen nicht mehr zur Paralysierung der gleichgewichtsherstellenden Energieformen der Umgebung verbraucht werden, wenn also die Lebensfunktionen und Lebensvorgänge des Lebewesens nicht mehr regulatatorisch sind, wie es unser II. und III. Satz erfordert. Wir wissen z. B., daß, wenn das Tier schon tot genannt wird, noch Lebensvorgänge sich in demselben abspielen, noch chemische Prozesse,

Oxidationen vor sich gehen, die so gewonnenen Wärme- und andere Energieformen werden aber nicht mehr zur Vermeidung des Gleichgewichtszustandes verwendet, diese Vorgänge sind nicht mehr regulatorisch, sie sind keine Lebensvorgänge mehr, das Tier ist schon tot. Hier müssen wir noch eine kleine Bemerkung über die gebräuchliche Bezeichnung der Lebensvorgänge nach dem Tode oder dem Leben der einzelnen Teile nach dem Tode hinzufügen. Wenn wir konsequent sein wollen und das müssen wir in jeder Naturwissenschaft sein, so können wir diese Bezeichnungen nicht ohne weiteres anwenden. Wir können nicht sagen: das Herz lebt nach dem Tode des Lebewesens, weil man es durch Sauerstoffzufuhr oder Durchleitung von Ringerscher Lösung zum Pulsieren bringen kann. Wenn das Herz sich die nötige Sauerstoffmenge oder die Ringersche Lösung aus der Umgebung selbst verschaffen könnte, nur dann könnten wir sagen, es lebt, dann wäre es ein Körpersystem, welches die Energie der Umgebung zur Vermeidung des Gleichgewichtszustandes verwertet. Wenn wir aber sagen, die Zellen, die nach dem Tode des Lebewesens weiterfunktionieren, noch leben, so ist das in manchen Fällen vielleicht richtig, insofern wir es auf die Zelle als Lebewesen anwenden, denn sie benützt die Energien ihrer Umgebung und in manchen Fällen vielleicht tatsächlich zur Vermeidung des Eintrittes des Gleichgewichtszustandes.

Wir sagten also, der Begriff des Todes gehört in die Biologie, weil das Lebewesen unter gewissen Bedingungen sterben kann, d. h. in eine Beziehung zur Umgebung übergehen, die schon mit dem Namen Tod bezeichnet wird. Die Bedingungen dieses Überganges festzustellen gehört aber zu den Aufgaben der Biologie, denn sie können nur aus den spezullen Zusammenhängen, die bei den Lebewesen zu finden sind, abgeleitet, also erklärt werden.

V. Kapitel.

Die Methode der Biologie.

Nachdem wir in den vorangehenden Kapiteln die Begriffe und Grundsätze der Biologie kurz darzustellen gesucht haben, werden wir in den folgenden Kapiteln ihre Fruchtbarkeit nachzuweisen versuchen. Wir werden also versuchen zu zeigen, daß die bisher bekannten Tatsachen der Biologie auf diese Grundsätze zurückzuführen sind, also diese Grundsätze dieselben erklären. Wir werden zweitens nachzuweisen suchen, daß die bisher unerklärten und zerstreuten Erfahrungen der Biologie, indem sie auf diese Grundsätze zurückführbar sind, indem also die gemeinsamen bedingenden Zusammenhänge in ihnen nachweisbar sind, ihre befriedigende Erklärung finden. Drittens schließlich werden wir noch zu zeigen versuchen, daß uns der Besitz dieser Grundsätze ein Mittel in die Hand gibt, das geeignet ist, uns bei der Lösung eines biologischen Problems als Wegweiser zu dienen. Dieses Mittel ist geeignet uns die Richtung anzugeben, wo wir die gemeinsamen bedingenden Zusammenhänge dieser unerklärten Erscheinung suchen sollen, es ist also geeignet uns bei den Experimenten zu leiten.

Dies ist aber die Methode jeder Naturwissenschaft: Zusammenhänge, Grundsätze zu finden, oder zu konstruieren, auf welche die einzelnen Erfahrungstatsachen zurückführbar sind, mittels welcher sie also erklärbar sind und bei unerklärten Tatsachen mittels Experimente nachzuweisen suchen, daß hier auch dieselben Zusammenhänge auffindbar sind. Das muß also auch die Methode der Biologie sein, wenn sie eine reine Naturwissenschaft sein soll, wie die Physik und Chemie es sind, die auch ihre eigenen Grundsätze haben. Die Biologie wird also nicht die Aufgabe haben, an den Lebewesen Physik und Chemie zu studieren, d. h. die Erscheinungen an den Lebewesen auf die physikalischen und chemischen Grundsätze zurückzuführen sondern auf die biologischen. Die Physik und Chemie wird dabei als Mittel zum Zweck verwendet. Denn, wenn wir z. B. sagen, die Arbeit dieses oder jenes Muskels ist eine regulatorische, d. h. dient zur Deckung der Energie, die zu dieser oder jener Lebensfunktion nötig ist, dann werden wir um das zu beweisen und so diese Erscheinung auf unser biologisches Prinzip zurückzuführen, die chemischen und physikalischen Bedingungen der Energieumwandlung hier studieren; wir werden mit Hilfe der Chemie und Physik die Kette von der Muskelarbeit bis zur Lebensfunktion herzustellen suchen; wir werden aber hierbei eine Richtlinie haben, wo wir mit den physikalischen und chemischen Untersuchungen und in welcher Richtung einsetzen sollen. Denn ohne diese Richtlinie, also ohne biologische Grundsätze können wir die schönsten physikalischen und chemischen Entdeckungen an den Lebewesen machen und wir wissen doch nicht, was mit ihnen anzufangen. Sie erklären uns vom Lebewesen nichts, sie komplizieren die Fragen vielleicht nur noch mehr. Die nackte Tatsache steht da und wir wissen nichts von ihrer Bedeutung für die Lebensfunktionen und Lebensvorgänge. Wie sehr es in der Biologie so ist, das sehen wir ja Tag für Tag; wird in einer Flüssigkeit im Körper ein höherer Gehalt an irgendeiner Verbindung gefunden, so wird dieser Tatsache gleich eine Bedeutung zugefügt. Welche bedeutungsvolle Rolle spielen jetzt die Lipoide! und doch haben sie uns bisher noch wenig von den Lebensvorgängen erklärt. Es wurde die Anzahl Wasserstoffione in Organen gemessen und ihnen eine Bedeutung verliehen und es wurde die Radioaktivität der Lymphe gemessen usw. Und bei jeder derartigen Untersuchung konnte man sagen: wer weiß, welche Bedeutung diese jetzt isoliert dastehende Tatsache für die Erklärung der Lebenserscheinungen erlangen wird.

Um also eine Richtlinie in der experimentellen Forschung zu haben, um die Tatsachen der Biologie nach ihrer Bedeutung beurteilen zu können, um sie naturwissenschaftlich zu erklären, dazu haben wir die biologischen Grundsätze nötig. Dies soll besonders hervorgehoben werden, um der eventuellen falschen Vermutung vorzubeugen, als ob es sich nur um eine mehr oder weniger gelungene Systemierung von Tatsachen handeln würde. Es wäre auch ein arger Irrtum in unseren Prinzipien und in ihrer Anwendung etwa eine teleologische Erklärungsweise zu sehen. Wenn etwas zweckmäßig ist, ist es für uns dadurch noch überhaupt nicht erklärt; der Begriff »regulatorisch« ist für uns genau definiert und wir verstehen darunter die gleichgewichtsvermeidende Wirkung der Energien. Im Gegenteil wird die Anwendung unserer Prinzipien in vielen Fällen die Zweckmäßigkeit selbst erklären. Ob die von uns aufgestellten Grundsätze die Forderungen, die wir an naturwissenschaftliche Grundsätze stellen, ausreichend erfüllen, das zu beurteilen, wollen wir anderen überlassen. Wir hoffen, daß sie sich vorläufig gut bewähren werden. Wird die Biologie mit ihnen nicht mehr auskommen, so wird sie bessere suchen; in der Biologie werden sich ebenso, wie in der Physik nicht die Erscheinungen, sondern die konstruierten Zusammenhänge; die Gesetze ändern.

Indem wir nun zur Anwendung unserer Prinzipien in der Biologie übergehen, kann es nicht unsere Aufgabe sein, sämtliche biologischen Einzeltatsachen auf unsere Grundsätze zurückzuführen. Das Tatsachenmaterial ist überwältigend groß, die Prinzipien sind neu, es fehlen die nötigen lückenausfüllenden Experimente. Wir wollen daher nur in einigen Kapiteln die Fruchtbarkeit der Prinzipien demonstrieren und zeigen, daß die erwähnten Lücken dabei klar hervortreten, sowie der Weg ihrer Ausfüllung. Wir hoffen stillschweigend, daß diese Arbeit der Anwendung der Prinzipien zur Erklärung der biologischen Tatsachen auch von berufeneren Seiten in Angriff genommen wird.

II. Teil. Anwendung der Prinzipien in der allgemeinen Biologie und Physiologie.

VI. Kapitel.

Wachstum, Vermehrung, Fortpflanzung, notwendige Bedingungen des Todes.

Unser erstes Prinzip besagt, daß das Leben des Lebewesens, solange seine Umgebung dieselben Energiequellen besitzt, nicht notwendigerweise aufhören muß. Die erfahrungsmäßige Bestätigung dieses unseres Satzes sahen wir in den Sätzen über die Unsterblichkeit der Einzelligen, die Unsterblichkeit des Keimplasmas, die Kontinuität des Lebens usw. gegeben, welche Sätze in verschiedener Formulierung von den verschiedenen Biologen aufgestellt wurden. Wir erwähnten aber schon im I. Teil III. Kap., daß hier ein Widerspruch mit dem erfahrungsgemäß notwendigen Tode der Metazoen zu herrschen scheint. Diesen Widerspruch zu lösen, die allgemeinen Bedingungen des Todes, die Notwendigkeit der Vermehrung und Fortpflanzung aus unseren Prinzipien abzuleiten soll die Aufgabe dieses Kapitels sein.

Bevor wir aber zur Lösung dieser Aufgabe schreiten, müssen wir uns erst über den Begriff des Individuums klar werden; denn bekanntlich bereitete die Definition des Individuums in der Biologie immer ziemliche Schwierigkeiten. Unseres Erachtens stammen diese Schwierigkeiten daher, daß der Begriff des Individuums ein psychogener ist. Das Bedürfnis den Begriff des Individuums aufzustellen und zu definieren entstand nicht aus der Beobachtung der Naturerscheinungen, sondern aus der Selbstbeobachtung. Die Frage nach der Individualität eines Lebewesens ist die Frage nach etwas, was wir nur in uns und nicht an den Naturerscheinungen beobachtet haben, sie ist eigentlich die Frage nach dem Bewußtsein. Wenn wir aber diese psychologische Frage als nicht in das Gebiet der rein naturwissenschaftlichen Biologie gehörend, fallen lassen, dann glauben wir, daß wir mit unserem Begriff des Lebewesens allein völlig auskommen. Denn was fragen wir eigentlich, wenn sich das einzellige Lebewesen teilt und aus einem Lebewesen zwei Lebewesen werden? Ob das »Individuum« weiter lebt? Ist das einzellige Lebewesen in einen Gleichgewichtszustand bei der gegebenen Umgebung geraten? Ist es nicht mehr so eingerichtet, daß die Energien der Umgebung in ihm zu Energien umgewandelt werden, welche zur Vermeidung des Gleichgewichtszustandes führen? Hat also die Beziehung, welche wir das Leben nannten, irgendwo bei dem Prozeß der Teilung aufgehört? Nein! Warum entstand also überhaupt die Frage nach dem Tode des Individuums in diesem Falle? Unseres Erachtens konnte diese Frage überhaupt nur dann entstehen, wenn wir mit dem Begriff des Individuum das Bewußtsein verbinden wollen. Wenn wir behaupten wollen, daß der Begriff des Individuum kein psychologischer ist, so hätte die obige Frage überhaupt keinen Sinn. Wenn wir aber nur mit dem rein biologischen Begriff des Lebewesens operieren, dann wird es uns auch nie in den Sinn kommen, dort, wo wir aus einem Lebewesen zwei Lebewesen entstehen sehen, nach einem Tode zu fragen. Was wir hier fragen können, ist nur das: unter welchen Bedingungen entstehen aus einem Einzelligen zwei?

Auch bei den Metazoen kommen wir mit dem Begriff des Lebewesens allein aus und betrachten den des Individuums als einen psychologischen für überflüssig und verwirrend. Wir werden nicht fragen, ob die Zelle des mehrzelligen Lebewesens ein Individuum ist, sondern ob sie auch ein Lebewesen ist? D. h., ob sie zu seiner Umgebung in derselben Beziehung steht, wie wir sie für die Lebewesen im allgemeinen definierten. Wir glauben, daß leicht eingesehen werden kann, daß während die erste Frage nach der Individualität der Zelle höchstens zu Wirrnissen oder zu bequemen und nichtssagenden Vergleichen mit der menschlichen Gesellschaft führen kann, die zweite Frage uns zu Beobachtungen von Lebensvorgängen, zum Aufsuchen von konstanten Zusammenhängen an den Lebewesen zwingt und daher eine naturwissenschaftlich fruchtbare Fragestellung ist.

In unseren weiteren Ausführungen werden wir mit dem Begriff des Individums überhaupt nicht operieren und das Wort selbst, falls wir es verwenden, nur als mit dem genau definierten Begriff des Lebewesens gleichbedeutend gebrauchen. Ebenso ist für uns Lebewesen und Organismus gleichbedeutend.

Nach diesen Ausführungen kehren wir zu unserer Aufgabe zurück. Die Erfahrung lehrt uns, daß sämtliche Lebewesen wachsen und sich vermehren. Dieses ist ein konstanter Zusammenhang, ein Gesetz, welches uns zur Annahme zwingt, daß die Vermehrung eine Erscheinung ist, deren notwendige Bedingungen dieselben sind, wie die Bedingungen dessen, daß ein Körpersystem ein Lebewesen sei. Wäre die Vermehrung oder Fortpflanzung eine Erscheinung, die nur bei gewissen Arten von Lebewesen auftritt, so müßten wir hier nach speziellen Bedingungen suchen, die uns diese Erscheinung hier erklären. Da wir aber kein Lebewesen ohne Vermehrung kennen, so müssen wir um diese Tatsache zu erklären, die Bedingungen der Vermehrung in den Eigenschaften selbst suchen, die wir in unserer Definition für das Lebewesen als charakteristisch angegeben haben. Oder wir müssen sie aus unseren Prinzipien als notwendige Folge ableiten können; was ja dasselbe ist, da wir ja die Prinzipien auch aus der Definition selbst ableiteten.

Sämtliche Lebewesen, die wir kennen, sind so eingerichtet, daß entweder die chemischen Spannkräfte der Umgebung in Energieformen in ihnen transformiert werden, die zur Vermeidung des Gleichgewichtszustandes führen (Tiere), oder daß eine andere Energieform der Umgebung (Licht) in ihnen transformiert wird. Diese Transformation geschieht aber auch im Wege der chemischen Spannkräfte (Pflanzen). Es folgt daraus, daß in jedem Lebewesen eine zeitliche Ansammlung von höher-molekularen Stoffen stattfinden muß, d. h. jedes Lebewesen wachsen muß. Diese Ansammlung von höher-molekularen Stoffen kann aber nur eine zeitlich beschränkte sein, denn diese Stoffe repräsentieren eine gewisse Energiemenge, chemische Spannkraft, welche aber nach unserem zweiten Prinzip — soll das Lebewesen am Leben bleiben — zur Deckung der Lebensfunktionen aufgebraucht werden muß.

Eine Häufung von Energiemengen, also auch von höhermolekularen Stoffen (chemischer Spannkraft), also ein Wachstum ad infinitum kann laut unserem zweiten Prinzip nicht stattfinden, denn sonst muß es entweder zum Eintritte des Gleichgewichtszustandes, also zum Tode, oder zu einer Teilung des Lebewesens kommen.

Sollen also die aus der Umgebung aufgenommenen Stoffe auch weiterhin ständige integrierende Teile eines Lebewesens bleiben, wie dies uns die Erfahrung lehrt, so ist dies laut unseren Prinzipien nur so möglich, wenn das System, das Lebewesen sich teilt. Diesen einzigen Lösungsmodus: die Teilung haben wir nun in der Erfahrung vor uns. Damit ist aber die Teilung und die damit einhergehende Vermehrung der Lebewesen als eine notwendige Folge aus unseren Prinzipien abgeleitet. Wir »verstehen« jetzt die Tatsache, daß sämtsche Lebewesen sich teilen, denn die Bedingungen, die wir in unserer Definition angegeben haben und die es bedingen, daß wir ein Körpersystem ein Lebewesen nennen, sind zugleich die notwendigen und hinreichenden Bedingungen der Teilung. Das ist auch der Grund, daß die Teilung immer als ein für das »Leben« charakteristisches Merkmal angeführt wird.

Unerklärt bleibt uns aber noch immer die Notwendigkeit des Todes bei den Metazoen. Daß der Tod des Lebewesens nicht immer durch äußere Einwirkungen hervorgerufen wird, sondern mit gesetzmäßiger Notwendigkeit erfolgen muß, dafür scheinen sehr viele Tatsachen zu sprechen. Solche sind: die Regelmäßigkeit des Auf- und Absteigens in der Entwicklung, die Gesetzmäßigkeit der Lebensdauer bei den einzelnen Arten, die Gesetzmäßigkeit des Todes nach erfolgter Befruchtung oder Eilegung bei gewissen Tieren usw. Dagegen sehen wir aber bei den Einzelligen, die sich durch einfache Teilung ungeschlechtlich vermehren, daß hier kein Tod der Lebewesen mit Notwendigkeit erfolgt. Hier sind die neuentstandenen Lebewesen gleich jung, aus einem Lebewesen entstehen zwei neue usw., ohne daß eines gesetzmäßig sterben müßte. Hier existiert also nur ein Tod durch gewisse äußere Einwirkungen

(Katastrophe*). Es frägt sich nun, ob bei den höheren Organismen (Metazoen) solche Verhältnisse vorhanden sind, die laut unseren Prinzipien den Tod mit Notwendigkeit fordern? Oder wir können auch fragen, welche sind nun die speziellen Bedingungen bei den Metazoen, welche die in den Prinzipien ausgesprochenen Erfordernisse nicht erfüllend notwendigerweise zum Tode führen müßten?

Worin unterscheidet sich nun die Teilung der Einzelligen von derjenigen der Metazoen? Darin, daß sämtliche von der Umgebung aufgenommene höher-molekularen Stoffe zur Bildung der zwei neuen Lebewesen restlos verwendet werden. Der Tod des Lebewesens erfolgt also erfahrungsgemäß nur dort mit Notwendigkeit, wo die aus der Umgebung aufgenommene chemische Spannkraft repräsentierenden Stoffe nicht restlos zur Bildung der bei der Teilung entstandenen Lebewesen aufgebraucht werden. Und wie wir gleich hinzufügen können, stirbt dabei immer der Teil, der nicht zur Bildung der neuen Lebewesen aufgebraucht wurde. Die notwendige und hinreichende Bedingung des Todes des Lebewesens ist also darin gegeben, daß es nicht alle aus der Umgebung aufgenommene chemische Spannkraft (Stoffe) zur Bildung der neu entstehenden Lebewesen restlos verwendet. Das sind die Erfahrungstatsachen, die aber, wie wir gleich sehen werden, nicht in Widerspruch mit unseren Prinzipien stehen, sondern gerade als ihre notwendige Folgen auf dieselben zurückgeführt werden können.

Wir stellten das Gesetz auf, daß 1. ein unbeschränktes Wachstum eines Lebewesens nicht stattfinden kann, es muß alle seine von der Umgebung aufgenommenen höher-molekularen Stoffe wieder abbauen. Die Grenze des Wachstums, also der Anhäufung von hoch-molekularen Verbindungen (Assimilation), von Energie, die nicht zur Erhaltung des Lebens aufgebraucht wird, ist nun bei den verschiedenen Arten eine sehr verschiedene. Die Lebensdauer wird bestimmt: a) durch die Größe dieser Grenze, b) durch die Geschwindigkeit der Assimilation, c) durch die Geschwindigkeit des Abbaues. Alle diese drei

*) Über den Begriff »Katastrophe« soll im nächsten Kapitel genauer gehandelt werden.

Faktoren wurden schon als die Lebensdauer beeinflussend in Betracht gezogen und es genügt wohl, wenn wir nur auf die Tatsachen der allgemeinen Biologie hinweisen, wie auf den Zusammenhang zwischen Lebensdauer und Größe des Lebewesens. a) Auf den Versuch die Lebensdauer zu bestimmen aus der Dauer der Entwicklungsperiode, b) auf den Einfluß der »Intensität« der Lebensfunktionen auf die Lebensdauer, c) auf die Versuche von Rubner einen Zusammenhang zwischen Energieverbrauch resp. Energieproduktion und Lebensdauer zu finden usw.*). Alle diese Tatsachen scheinen uns ungezwungen auf die obigen drei Faktoren als Folge unserer Prinzipien zurückführbar.

Müssen aber, wie das obige Gesetz aussagt, die von der Umgebung aufgenommenen hoch-molekularen Stoffe (die assimilierten Stoffe) wieder abgebaut und verbraucht werden, so folgt daraus, daß: 2.) das Lebewesen nach einer beschränkten Zeit (welche durch die obigen drei Faktoren gegeben ist) wieder zur Ausgangsform zurückkehren muß.

Die Betrachtung unseres zweiten Grundprinzips und die sich daraus ergebenden Konsequenzen, wie die der Teilung als des einzigen Lösungsmodus, unsere hier aufgestellten Gesetze 1. und 2. führt uns nun direkt zur Erklärung der am Anfang dieses Kapitels aufgezählten Erfahrungstatsachen der allgemeinen Biologie. Die erste Erfahrungstatsache ist, daß die Teilung eine konstante und allgemeine Erscheinung der Lebewesen ist. Wir konnten zeigen, daß diese Erscheinung eine notwendige Folge der Einrichtung der Lebewesen und des zweiten Grundprinzips ist. Wir können das also nach unserer Terminologie auch so ausdrücken, daß die Teilung eine regulatorische Lebensfunktion ist, die ihre notwendigen Bedingungen in derjenigen Einrichtung sämtlicher Lebewesen hat, daß sie chemische Spannkräfte direkt oder indirekt als Energiequellen besitzen. Sie muß daher bei allen bekannten Lebewesen eintreten. Die zweite Erfahrungstatsache ist, daß die Bedingungen des notwendigen Todes darin gegeben sind, daß das Lebewesen nicht alle aus der Um-

*) Siehe auch die Arbeit von Korschelt: Die Lebensdauer der Tiere und die Ursache des Todes; Zieglers Beiträge Bd. 63 H. 3. Festschrift für Marchand, in welcher die Tatsachen und Literatur zu finden sind.

gebung aufgenommenen (assimilierten) Stoffe zur Bildung der bei der Teilung entstehenden Lebewesen restlos verwendet. Da wir aber zeigten, daß die Teilung eine regulatorische Funktion ist, die jedes Lebewesen ausüben muß, und unser zweites Grundprinzip besagt, daß sämtliche aufgenommenen Energien zur Deckung der regulatorischen Lebensfunktionen restlos verbraucht werden müssen, so ist es nur eine natürliche Folge, daß wenn diesen Postulaten nicht entsprochen wird, der Tod eintreten muß. So erklärt sich also auch diese zweite allgemein biologische Erfahrungstatsache aus unseren Prinzipien.

Wenn wir nun die verschiedenen Fortpflanzungsarten der Lebewesen, die wir in der Natur gegeben haben, kurz durchlaufen, so sehen wir das oben Gesagte in verschiedener Form bestätigt.

A) Fortpflanzung durch Spaltung (Selbstteilung). Hier haben wir den Fall vor uns, daß der Mutterorganismus nach einem kurzen Wachstum sich in zwei gleiche Teile teilt und zwar in zwei solche Teile, die der Ausgangspunkt, die Ausgangsform des mütterlichen Organismus waren. Nachdem nun hier der Mutterorganismus restlos in die Ausgangsform übergeht, besteht hier nicht die Notwendigkeit, daß irgendein Teil zugrunde gehe.

B) Fortpflanzung durch Knospung. Beginnen wir mit der Knospe als Ausgangsform, diese wächst zu einer gewissen Größe an und scheidet dann Teile von dem Typus der Ausgangsform (Knospen) ab. Der ausgewachsene Mutterorganismus wurde aber dabei nicht retlos verbraucht, der unverbrauchte Teil muß also gemäß unseres Prinzips zugrunde gehen. Wir haben aber auch für den gegenteiligen Fall Beispiele, wo nämlich der Mutterorganismus restlos zur Bildung der Ausgangsformen verbraucht wird. So haben wir z. B. bei der ungeschlechtlichen Fortpflanzung der Malariaplasmodien den Fall vor uns, daß der Mutterorganismus bei der Schizogonie restlos in eine große Anzahl von Ausgangsformen (Schizonten) übergeht. (Es bleiben bloß Pigmentkörnchen zurück, die als Stoffwechselprodukte aufzufassen sind.) Hier sehen wir nun auch, daß kein Teil notwendigerweise abstirbt.

C) Vermehrung durch ungeschlechtliche Fortpflanzung. Hier haben wir es mit demselben Fall zu tun, wie bei der Knospung, nur ist die Ausgangsform besser differenziert.

D) Vermehrung durch geschlechtliche Fortpflanzung. Hier ist die Sache etwas komplizierter, aber prinzipiell doch nicht verschieden. Nur haben wir hier den Fall, daß die Ausgangsform durch das Zusammenwirken zweier verschiedener Grundformen entsteht. Unsere Prinzipien sehen wir aber — das in Betracht gezogen — hier ebenfalls bestätigt.

Wir gelangen also auf Grund unserer Prinzipien zu den durch die Erfahrung überall bestätigten Gesetzen:

3. Geht das ausgewachsene Lebewesen nicht restlos in die Ausgangsform über, so bleiben die Ausgangsformen am Leben, der zur Bildung der Ausgangsformen nicht verbrauchte Teil (Mutterorganismus) muß notwendigerweise dem Tode verfallen.

4. Geht das ausgewachsene Lebewesen restlos in die Ausgangsformen über, so ist der Tod des Lebewesens keine biologische Notwendigkeit.

Somit hätten wir unsere Aufgabe erfüllt. Wir konnten zeigen, daß unsere Prinzipien durch die Erfahrung bestätigt werden, daß sie geeignet sind die Erfahrungstatsachen zu erklären und uns zur Auffindung und Formulierung der gesetzmäßigen Zusammenhänge verhelfen.

VII. Kapitel.

Reizbarkeit, Anpassung.

Unsere Definition besagt, daß das Lebewesen die Energieformen der Umgebung zur Vermeidung des Todes (des Gleichgewichtszustandes bei der gegebenen Umgebung) verwendet; oder was dasselbe bedeutet, zur Erhaltung seines Lebens. Das Vorhandensein der Energieformen in der Umgebung, in welcher das Lebewesen existiert, also der energetische Zustand der Umgebung: ihr Licht, Druck, ihre Temperatur, chemische Zusammensetzung usw. sind für die in dieser Umgebung lebenden Lebewesen: die Lebensbedingungen. Dieses gilt für sämtliche Energieformen der Umgebung. Denn entweder sind sie derart, daß sie dem Gesetze der Energieumwandlung folgend nach dem Gleichgewichtszustande strebend auf das Lebewesen einwirken, wobei in Arbeit umwandelbare Energie im Lebewesen frei wird: die

Energiequellen*) oder solche, die bei ihrer Einwirkung die in Arbeit umwandelbare Energiemenge des Lebewesens vermindern. Die ersten Energieformen sind unerläßliche Lebensbedingungen, denn ohne dieselben könnte das Lebewesen überhaupt keine Arbeit leisten. So ist das Licht der Umgebung für die grünen Pflanzen, die hoch-molekularen Stoffe und der Sauerstoff der Umgebung für die Tiere eine unerläßliche Lebensbedingung, denn sie sind so eingerichtet, daß in ihnen nur diese Energieformen der Umgebung zu Energieformen transformiert werden, die in Arbeit umwandelbar sind. Die zweiten Energieformen sind aber auch notwendige Bedingungen des Lebens, denn das Lebewesen ist so eingerichtet, daß es die Energiequellen seiner Umgebung eben zu solchen Energieformen transformiert, welche die Einwirkung der gleichgewichtsherstellenden Energieformen der Umgebung (also derjenigen, die bei ihrer Einwirkung auf das Lebewesen die in Arbeit umwandelbare Energiemenge desselben vermindern) paralysieren.

So ist der hydrostatische und osmotische Druck des Meerwassers z. B. eine notwendige Bedingung des Lebens der im Meerwasser lebenden Protozoen und auch Metazoen, denn sie sind so eingerichtet, daß sie die Energiequellen ihrer Umgebung eben zu solchen Energieformen umwandeln: Spannung, osmotischer Druck, die die gleichgewichtsherstellende Einwirkung dieser Energieformen (hydrostatischer und osmotischer Druck) paralysieren. Dasselbe gilt für die äußere Temperatur bei den Warmblütern usw.

Wir stellen also den Satz auf: sämtliche Energieformen der Umgebung, die auf das Lebewesen einwirken, sind notwendige Lebensbedingungen, d. h. der energetische Zustand der Umgebung ist eine notwendige Bedingung sämtlicher Lebensfunktionen. In diesem Sinne können wir den Ausdruck gebrauchen: die Lebewesen sind ihrer Umgebung vollkommen »angepaßt«. Dieses Angepaßtsein, das wir in der Erfahrung gegeben haben, ist somit eine direkte Folge unserer Definition des Lebewesens, kann aus derselben abgeleitet werden und dadurch erhalten die diesbezüglichen Einzeltatsachen ihre befriedigende Erklärung. So ver-

*) In der Natur gehen bekanntlich nur solche Vorgänge spontan vor sich, bei welchen in Arbeit umwandelbare Energie frei wird.

stehen wir, daß es keine zufällige Zweckmäßigkeit ist, wenn z. B. die Bewegung der Luft eine notwendige Lebensbedingung gewisser Pflanzen ist, denn ohne derselben könnte bei denselben keine Befruchtung stattfinden. Wir erblicken hierin einen speziellen Fall, in welchem die Bedingungen, die wir in unserer Definition und den abgeleiteten Prinzipien aufgestellt haben in spezieller Weise erfüllt sind.

Die Beziehung des Lebewesens zur Umgebung, die wir als das Leben bezeichnet und definiert haben, ist nur dann möglich, wenn die verschiedenen Energieformen der Umgebung eine Einwirkung auf das Lebewesen ausüben, d. h. im Lebewesen und in der (unmittelbaren) Umgebung müssen ständig Zustandsänderungen stattfinden. Diese Zustandsänderungen der Umgebung sind nun die quantitativen Änderungen sämtlicher Energieformen, deren jede eine notwendige Lebensbedingung ist.

In diesem Kapitel wollen wir nun nachweisen, daß die Zustandsänderungen der Umgebung die Zustandsänderungen des Lebewesens, d. h. seine Lebensfunktionen innerhalb gewisser Grenzen bestimmen. Weiterhin wollen wir diese Grenzen selbst untersuchen.

Das erste, worüber wir uns klar werden müssen, ist, daß jede Zustandsänderung der Umgebung auch notwendigerweise mit einer Zustandsänderung des Lebewesens einhergeht und die unerläßliche Bedingung dessen, daß im Lebewesen Zustandsänderungen stattfinden, sind die Zustandsänderungen der Umgebung. Das gilt für jedes Körpersystem, das speziell biologisch wesentliche, für das Lebewesen Charakteristische ist eben, die aus unseren Prinzipien ableitbare Bestimmung der Zustandsänderungen im Lebewesen.

Sämtliche Zustandsänderungen der Umgebung können zweierlei Wirkungen auf das Lebewesen haben: 1. vermehren sie seine Gesamtenergie, 2. vermindern sie dieselbe. Die Zustandsänderungen des Lebewesens, die durch die erste Gruppe der Zustandsänderungen der Umgebung bedingt werden, sind durch unsere Prinzipien folgendermaßen bestimmt: a) sie sind in jedem Fall beschränkt (Energieaufnahme kann nur je nach der Art bis zu einem gewissen Grade stattfinden); b) sie werden immer notwendigerweise rückgängig gemacht (alle aufgenommenen Energien müssen wieder aufgebraucht werden).

Die Zustandsänderungen des Lebewesens, die durch die zweite Gruppe der Zustandsänderungen der Umgebung bedingt werden, sind folgendermaßen durch unsere Prinzipien bestimmt. 1. Sie sind derselben Art aber entgegengesetzt (sämtliche Lebensfunktionen sind regulatorisch d. h. gleichgewichtsvermeidende, Druck — Gegendruck, Abkühlung — Wärmeproduktion usw.); 2. sie sind Arbeitsleistungen; und ihre Energiequelle liegt in den Zustandsänderungen des Lebewesens der ersten Gruppe und ihr Grad wird durch die unter a) erwähnten Grenzen bestimmt.

Die Größe der erwähnten Grenzen der zwei Arten von Zustandsänderungen (Energieaufnahme und Energieabgabe oder gleichgewichtsvermeidende Arbeitsleistung) sind naturgemäß abhängig von der speziellen Art wie die in unseren Prinzipien aufgestellten Bedingungen erfüllt sind, d. h. je mehr Energieformen und Zustandsänderungen der Umgebung eine energievermehrende Zustandsänderung im Organismus hervorrufen und demzufolge — da ja sämtliche aufgenommenen Energien wieder zu den gleichgewichtsvermeidenden Arbeitsleistungen aufgebraucht werden müssen — je mehr Zustandsänderungen der Umgebung eine gleichgewichtsherstellende Einwirkung auf den Organismus ausüben, um so größer sind die Grenzen der Zustandsänderungen im Organismus überhaupt, d. h. um so mehr Lebensfunktionen gehen im Organismus vor.

Die Tatsachen, daß es eine solche Grenze geben muß, daß die eine Art der Zustandsänderungen der Umgebung (energievermehrende) nur dann größer sein können, wenn die andere Art (energievermindernde) derselben auch größer sind und umgekehrt, sind für das Lebewesen charakteristisch, Denn wäre dies nicht der Fall, dann müßte mit der Zeit notwendigerweise ein Gleichgewichtszustand eintreten, was gegen unsere Definition sprechen würde.

Unseren obigen Satz, daß sämtliche Energieformen der Umgebung notwendige Lebensbedingungen sind, spricht die Biologie so aus: Sämtliche Lebewesen sind ihrer Umgebung angepaßt. Die oben auseinandergesetzte bestimmte Art der Beziehungen zwischen den Zustandsänderungen der Umgebung und denen des

Lebewesens nennen wir aber: die Anpassung. Die Tatsache der Anpassung kann also direkt aus unseren Prinzipien abgeleitet werden, sie ist eine für jedes Lebewesen charakteristische Beziehungzur Umgebung.

Die Bedingungen sämtlicher Zustandsänderungen des Lebewesens, also der Lebensfunktionen, sind die Zustandsänderungen der Umgebung. Die Bedingung des Lebens aber ist, daß die Zustandsänderungen des Lebewesens in der oben bestimmten Weise stattfinden, also kurz: die Anpassung Wir sahen aber, daß eine Grenze der Zustandsänderungen im Lebewesen vorhanden sein muß. Wird nun diese Grenze überschritten, indem eine größere Zustandsänderung der Umgebung (entweder der ersten oder der zweiten Art) eine diese Grenze überschreitende Zustandsänderung des Lebewesens hervorruft, so muß das Leben des Lebewesens aufhören (Katastrophe). Je weiter nun diese Grenzen liegen (je nach der Art des Lebewesens) um so größer ist die Anpassung.

Wenn wir nun, wie es in der Biologie üblich ist, die Zustandsänderungen der Umgebung: Reize nennen, die durch dieselben notwendig bedingten Zustandsänderungen des Lebewesens allgemein als Lebensprozesse bezeichnen; die ausgeführte bestimmte Beziehung der Reize zu den Lebensprozessen die Anpassung, so können wir das oben ausgeführte folgendermaßen zusammenfassen:

1. die notwendigen Bedingungen der Lebensprozesse sind die Reize;

2. jeder Reiz bedingt einen Lebensprozeß (Reizbarkeit der Organismen);

3. die Lebensprozesse sind in ihrer Richtung durch die Reize bestimmt (Energieaufnahme und regulatorische Lebensfunktionen): Anpassung;

4. während die Reize ihrem Grade nach unbegrenzt wachsen können, sind die Lebensprozesse ihrem Grade nach notwendigerweise begrenzt;

5. je größer die Reize anwachsen können, ohne daß die durch dieselben bedingten und in ihrer Richtung bestimmten Lebensprozesse ihre notwendigerweise gegebene Grenze erreichen, um so größer ist die Anpassung.

Wir haben nun im obigen die in der Erfahrung gegebenen Erscheinungen der Lebewesen, wie die der Reizbarkeit und Anpassung als aus unseren Prinzipien folgend abgeleitet, ebenso wie die Erscheinungen der Vermehrung und Fortpflanzung. Wir konnten sie als notwendige Eigenschaften sämtlicher Lebewesen aus unseren Prinzipien ableiten, was durch die Erfahrung bestätigt gleichzeitig als Beweis für die Richtigkeit der Prinzipien dienen soll. Es konnte aber mit Hilfe unserer Prinzipien der Begriff und der Grad der Anpassung genauer bestimmt werden, und indem diese genauere Bestimmung gleichzeitig bestimmte Zusammenhänge zwischen Reiz und Lebensvorgang enthält, kann uns dieselbe die Erscheinungen, die diesem Zusammenhange entsprechen, erklären; gleichzeitig aber bei noch unbekannten Beziehungen zwischen Reiz und Lebensvorgang als eine Richtschnur dienen, wenn wir uns vor Augen halten, daß sie den oben ausgesprochenen allgemeinen Sätzen entsprechen müssen.

Es kann, nun wie wir schon erwähnten, nicht unsere Aufgabe sein, hier sämtliche Erscheinungen, die am Lebewesen beobachtet wurden, aufzuzählen, vielmehr müssen wir uns mit einigen Beispielen begnügen, an welchen wir die Giltigkeit unserer Prinzipien und der daraus abgeleiteten Sätze in der Erfahrung bestätigt sehen.

So sehen wir den Satz, daß die Lebensprozesse, die durch energievermehrende Reize bedingt werden (Assimiliaton auf Einwirkung von Nahrungsstoffen bei den Tieren, auf Licht bei den Pflanzen) in jedem Fall beschränkt sind und daß sie nur dann vermehrt werden können, wenn auch die Lebensvorgänge vermehrt werden, die durch die energievermindernden Reize bedingt werden (durch Dissimilation bedingte Wärmeabgabe und mechanische Arbeit bei den Tieren. Dissimilation bei den Pflanzen) durch die Erfahrung bestätigt bei den Tieren im Gesetz der Selbststeuerung des Stoffwechsels, welches aussagt, daß das Verhältnis Dissimilation: Assimilation immer gleich 1 ist.*)

*) Hier dürfen uns die Verhältnisse der wachsenden Metazoen nicht irre führen, denn bei denselben handelt es sich, wie wir im Kapitel Zellenlehre noch des näheren ausführen werden, um eine Vermehrung nach den Gesetzen des vorigen Kapitels.

Bei den Pflanzen sehen wir es bestätigt durch das einfache Experiment der Messung der Anzahl der Oxygenblasen bei Licht und Schatten. Wobei die Intensität der Belichtung den Grad der Assimilation, die Anzahl der in der Zeiteinheit aufsteigenden Oxygenblasen den Grad der Dissimilation anzeigt. Das Experiment zeigt nun, daß die Dissimilation parallel mit der Assimilation steigt und fällt.

Wir sehen aber in der Erfahrung auch bestätigt, daß wenn auch das Verhältnis der zweierlei Lebensvorgänge dasselbe ist, die absolute Größe derselben je nach der Art immer beschränkt ist. Wenn wir also in der Erfahrung Verhältnisse gegeben haben, bei welchen die energievermehrenden Reize unbegrenzt fortwirken und doch kein Gleichgewicht, also kein Tod, keine Katastrophe eintritt, so können wir mit Sicherheit auf durch diesen Reiz bedingte Lebensvorgänge suchen, die entweder vermehrte Lebensfunktionen sind, oder wenn solche nicht nachweisbar, Lebensvorgänge, welche die Einwirkung dieses Reizes vermindern, z. B. die Umordnung der Chlorophyllkörner auf erhöhte Lichteinwirkung oder was ähnlich ist, die Pupillenreaktion. Das sind aber Lebensvorgänge, deren Energiequelle ebenfalls nur die energievermehrenden Reize sein können und da die aufgenommenen Energiemengen sämtlich zu den regulatorischen Lebensfunktionen umgewandelt werden, so werden diese Lebensvorgänge eben durch den anwachsenden energievermehrenden Reiz bestritten, d. h. für das obige Beispiel, daß die Arbeit der Umordnung der Chlorophyllkörner eben durch das Mehr des einfallenden Lichtes gedeckt wird, dieses Mehr der Lichtenergie zur Umordnungsarbeit in der Pflanzenzelle umgewandelt wird.

Ähnliche Lebensvorgänge, die zur Beschränkung der durch die energievermehrenden Reize bedingten Lebensvorgänge führen und ihre Energiequelle eben in dem anwachsenden energievermehrenden Reiz haben, sind wahrscheinlich bei Tieren ebenfalls unter gewissen Umständen nachweisbar. (So liegt z. B. für die erhöhte Herzmuskelarbeit die Energiequelle in dem erhöhten Blutdruck.)

VIII. Kapitel.

Organisationsgrad, Tendenz der Zuchtwahl, physiologische Einheit.

Im vorigen Kapitel konnten wir zeigen, daß die für jedes Lebewesen charakteristische Eigenschaft der Anpassung in derjenigen bestimmten Beziehung der Reize zu den Lebensprozessen besteht, welche durch unsere allgemeinen Prinzipien gegeben ist. Wir sahen, daß die Zustandsänderung im Lebewesen, also der Grad der Lebensprozesse notwendigerweise begrenzt ist. Diese Grenze aber ist eine je nach der Art des Lebewesens verschiedene und bestimmt den Grad der Anpassung. Das Maß dieser Grenze, also des Anpassungsgrades sind, wie wir gesehen haben, diejenigen größten Reize, d. h. Zustandsänderungen der Umgebung, bei welchen die durch dieselben bedingten und in ihrer Richtung bestimmten Lebensvorgänge ihre notwendigerweise gegebene Grenze noch nicht erreichen. Wenn wir das Überschreiten dieser, je nach der Art verschiedenen aber aus unseren Prinzipien a priori notwendigerweise vorhandenen Grenze als Katastrophe bezeichnen, so können wir unsere Definition vor Augen haltend einfach sagen: Der Grad der Anpassung eines Lebewesens wird bestimmt durch die Summe der größten Reize, die keine Katastrophe bedingen.

Wir wollen nun untersuchen, von welchen Faktoren dieser Grad der Anpassung abhängt. Wie groß die Reize, d. h. die Zustandsänderungen der Umgebung sein können, ohne eine Katastrophe zu bedingen, das hängt von zwei Faktoren ab: 1. von der Größe der notwendig vorhandenen Grenze derjenigen Zustandsänderungen der Lebewesen (Lebensvorgänge), die durch die energievermehrenden Zustandsänderungen der Umgebung (Reize) bedingt und bestimmt werden und 2. von der Größe der notwendig vorhandenen Grenze derjenigen Zustandsänderungen des Lebewesens (regulatorische Lebensfunktionen), die durch die energievermindernden Zustandsänderungen der Umgebung bedingt und bestimmt werden.

Den ersten Faktor können wir kurz die: Assimilationsgrenze bezeichnen. Das ist die Grenze der Energieaufnahmefähigkeit. Daß eine solche Grenze vorhanden sein muß und daß diese Grenze auch für die Lebensdauer bestimmend ist, das sahen wir schon im I. Kapitel dieses Teiles. Der zweite Faktor ist eigentlich das Maß der Intensität der Lebensfunktionen, wir können ihn als Dissimilationsgrenze bezeichnen, wenn wir darunter die größtmögliche Energieabgabe verstehen. Diese Energieabgabe kann aber nur in Form von regulatorischen Lebensfunktionen geschehen. Der zweite Faktor bedeutet also eigentlich die Summe der regulatorischen Lebensfunktionen. Nun wird aber dieser zweite Faktor, die Dissimilationsgrenze notwendigerweise von dem ersten, der Assimilationsgrenze bestimmt, je höher die Assimilationsgrenze liegt, um so größer ist die Summe der regulatorischen Lebensfunktionen; und diese Faktoren bestimmen den Grad der Anpassung.

Auf Grund des Anpassungsgrades könnten wir nun eine Einteilung der Lebewesen versuchen. Diese Einteilung würde, wie leicht einzusehen ist, mit der in der Biologie üblichen Einteilung des Lebewesens nach »höheren« und »niederen« Organismen zusammenfallen, denn der Anpassungsgrad wird ja wie wir sahen, durch die Summe der regulatorischen Lebensfunktionen mitbestimmt. Im allgemeinen nennt man aber ein Lebewesen umso »höher« organisiert, je vollkommener seine regulatorischen Lebensfunktionen sind. Die Summe der Lebensfunktionen ist aber mit anderen Faktoren, wie wir sahen, in engstem Zusammenhang, so mit der Assimilationsgrenze, diese wieder mit der Lebensdauer. So wenig wir uns also mit dem unbestimmten Ausdruck des »höheren« und »niederen« Lebewesen begnügen können, so wenig befriedigend ist die Intensität der Gesamtheit der Lebensfunktionen allein als Maß dieser Reihenfolge.

Wir müssen daher, wenn wir auf Grund des Anpassungsgrades eine derartige Einteilung treffen wollen, untersuchen, in welchem Zusammenhang die Assimilations- und Dissimilationsgrenze mit anderen Faktoren steht. Dabei halten wir das im I. Kapitel dieses Teiles Gesagte vor Augen, wo wir den Satz ableiteten, daß eine Rückkehr zur Ausgangsform bei jedem Lebewesen stattfinden muß. Die Lebensdauer eines Lebewesens nennen wir das Zeitintervall von dem Auftreten der einen Ausgangsform bis zur zweiten. Die Lebensdauer wird zum Teil von der Assimilationsgrenze bestimmt, je höher die Assimilationsgrenze, um so höher die Lebensdauer. Je höher die Assimilationsgrenze, um so höher ist auch die Dissimilationsgrenze. Assimilations- und Dissimilationsgrenze wird durch die Summe sämtlicher Assimilationsvorgänge und sämtlicher regulatorischen Lebensfunktionen dargestellt, die während der Lebensdauer stattfinden. Die Lebensdauer wird aber nicht nur von der absoluten Größe dieser Grenzen bestimmt, sondern auch von der Geschwindigkeit, mit welcher dieselben erreicht werden. d. h. von der Intensität sämtlicher Lebensprozesse. Und zwar je intensiver die Lebensprozesse sind um so geringer die Lebensdauer. Während also der Anpassungsgrad mit der Lebensdauer in direktem Verhältnis steht, steht die Intensität der Lebensprozesse mit derselben in indirektem Verhältnis. Lebensdauer gleich Anpassungsgrad : Intensität der Lebensprozesse.

Wollen wir nun eine Einteilung der Lebewesen nach »höherer« und »niederer Organisation« treffen, so werden wir dabei nicht allein den Anpassungsgrad, sondern die Summe sämtlicher Lebensprozesse während der Lebensdauer des Lebewesens vor Augen halten. Es muß bei dieser Einteilung weiter in Betracht gezogen werden: 1. die Summe sämtlicher Zustandsänderungen des Lebewesens, d. h. die Größe der Assimilations- und der davon abhängigen Dissimilationsgrenze: also der Anpassungsgrad; 2. die Intensität der Zustandsänderungen, also die Intensität der Lebensprozesse. Und zwar werden wir natürlich sagen, ein Lebewesen ist um so höher organisiert, je größer die Summe der Lebensprozesse (der Anpassungsgrad) während der Lebensdauer ist, und je intensiver dieselben sind. Organisationsgrad gleich Anpassungsgrad mal Intensität der Lebensprozesse. Die Summe der Lebensprozesse, der Anpassungsgrad ist aber wieder naturgemäß von dem Zeitintervall, in welchem sie sich abspielen, also von der Lebensdauer abhängig; und zwar je größer die Lebensdauer, um so größer der Anpassungsgrad. Soll also der eine Faktor: der Anpassungsgrad erhöht werden, dann muß auch die Lebensdauer erhöht werden, soll aber der andere Faktor: die Intensität erhöht werden, dann muß dadurch die Lebensdauer vermindert werden. Es muß also bei einem höher organisierten Lebewesen der Anpassungsgrad um ein so vielfaches steigen, daß auch bei erhöhter Intensität der Lebensprozesse die Lebensdauer nicht um so vieles sinkt, daß dadurch der Anpassungsgrad wieder beschränkt wird.

Wir wollen diese rein theoretischen Überlegungen nun nicht weiterführen, obwohl dieselben noch einer genaueren und vielleicht nicht unfruchtbaren Analyse zugänglich wären. Wir wollen nur darauf hinweisen, daß die abgeleiteten Begriffe der Lebensdauer, des Anpassungsgrades, der Organisation und der Intensität der Lebensprozesse, sowie ihre oben ausgedrückten Verhältnisse, bei genauerer Betrachtung wohl geeignet sind, uns einen klareren Einblick in die Bedeutung des Organisationsgrades um dadurch in den Begriff der Zuchtwahl zu gestatten. In die verschiedenen Theorien über die Art und Weise der Zuchtwahl wollen wir uns hier nicht einlassen. Wir wollen nur darauf hinweisen, daß der Begriff der Zuchtwahl mit der unsicheren Vorstellung der »höheren« und »niederen« Organismen eng zusammenhängt und wenn wir von einer Zuchtwahl sprechen, dann müssen wir unbedingt von einer Richtung, einer Tendenz derselben, also von den Faktoren, welche den Grad der Organisation bestimmen, eine genauere Vorstellung besitzen. Wenn wir nun die obigen Beziehungen vor Augen halten, so sehen wir dieselben in der Erfahrung bestätigt. Wir sehen, daß die Zuchtwahl, d. h. die Entwicklung der einen Lebewesensart aus der anderen, tatsächlich in der Richtung geschieht, das Produkt: Anpassungsgrad mal Intensität der Lebensprozesse zu erhöhen. Wir sehen auch, daß dabei die Lebensdauer einen wesentlichen Einfluß im oben ausgeführten Sinne ausübt. Wir sehen daher in der Tierreihe Tiere, die zwar einen erhöhten Anpassungsgrad, eine erhöhte Assimilationsgrenze und auch eine erhöhte Lebensdauer, aber eine geringe Intensität der Lebensprozesse aufweisen; in einer »höheren« Klasse dagegen treffen wir eine Art mit etwas geringerem Anpassungsgrad, geringerer Assimilationsgrenze und geringerer Lebensdauer, aber erhöhter Intensität der Lebensprozesse usw. Die Tendenz der Zuchtwahl steht uns aber klar vor Augen, das ist: die Steigerung der Intensität der Lebensprozesse bei Steigerung der Assimilationsgrenze, des Anpassungsgrades und der Lebensdauer, trotz der oben ausgeführten gegenseitigen Beziehungen dieser Faktoren.

Ebenso wie es die allgemeine Biologie als ihre Aufgabe betrachtet hat, die Zusammenhänge zwischen den verschiedenen Arten der Lebewesen aufzufinden und dieselben mit Hilfe der Zuchtwahlstheorie zu erklären, ebenso betrachtet sie es als ihre Aufgabe zu erforschen, ob und welche allgemeinen Bedingungen vorhanden sein müssen, damit ein Lebewesen höher organisiert sei, als ein anderes. Diese allgemeinen Bedingungen müssen in gewissen allgemein vorhandenen regulatorischen Einrichtungen bestehen. Und eben bei der Erforschung dieser Bedingungen können unseres Erachtens die aus unseren Prinzipien abgeleiteten Begriffe und ihre dargestellten Zusammenhänge als Richtlinien einige Dienste leisten. (Es stehen uns dabei sogar experimentelle Wege in Aussicht, so z. B. der Versuch der Erhöhung der Assimilationsgrenze und dadurch die Beeinflussung der Lebensdauer, oder die Beeinflussung der Intensität der Lebensprozesse usw. Hierbei soll aber einzig und allein auf die Veränderung der regulatorischen Lebensvorgänge gedacht werden. Denn es handelt sich eben darum, welche regulatorischen Faktoren im Lebewesen es sind, die diese Faktoren beeinflussen. Als Richtlinie können uns dabei wieder die bei höheren Arten neu auftretenden Organe dienen, denn wahrscheinlich sind es diese, welche die obigen Faktoren: Assimilationsgrenze usw. beeinflussen.)

Wenn wir im Anschluß an die Zuchtwahl von einer Reihenfolge der Lebewesen auf Grund des Organisationsgrades sprechen, so drängt sich uns mit Notwendigkeit die Frage nach dem ersten Glied dieser Reihe auf. Diese Frage hat in der Biologie zu den verschiedensten Theorien und hauptsächlich rein spekulativen Überlegungen über die Entstehung des Lebens und über eine physiologische Lebenseinheit geführt.

Wir wollen nun kurz auseinandersetzen, ob aus unseren Prinzipien irgendwelche Schlüsse in bezug auf diese Fragen gezogen werden können? Aus unserer Definition und den aus ihr abgeleiteten Prinzipien geht hervor, daß es sich bei den Lebewesen um ein Körpersystem handelt, welches gewissen allgemeinen Bedingungen entspricht, mit den energetischen Gesetzen aber in keinem Widerspruch steht. Es folgt daraus, daß dieselben die Möglichkeit einer Entstehung oder Darstellung von einem Lebewesen nicht ausschließen. Die Definition und die Prinzipien besagen aber nicht, daß diese Aufgabe eine einzige Lösung hat, d. h. es folgt nicht aus ihnen, daß die allgemeinen Bedingungen dessen, daß ein Körpersystem ein Lebewesen sei, notwendigerweise dieselben sind. Im Gegenteil sind die Energiequellen, sowie die anderen energievermindernden Einwirkungen der Umgebung bei den verschiedenen Lebewesen verschieden, also müssen die regulatorischen Einrichtungen auch verschieden sein. Die Erfüllung dieser allgemeinen Bedingungen kann also, theoretisch betrachtet, in verschiedener Weise geschehen. Bei den Protozoen und den Protophyten sind sie z. B. schon in verschiedener Weise erfüllt. Die Annahme von Moneren, von Bionten oder Bioblasten, also von physiologischen Einheiten, ist daher durch unsere Definition und den Prinzipien nicht begründet. Sie folgt nicht mit Notwendigkeit aus der Erfahrung und erklärt uns daher auch keine Erfahrungstatsachen. Die Annahme von physiologischen Einheiten entspringt aus dem Bedürfnis, ein einheitliches Regulationsprinzip bei den Lebewesen anzunehmen. Das spricht sich z. B. aus in der Annahme einer Verbindung, wie des Biogens (*Verworn*), wobei die Eigenschaften dieser Verbindung es wären, die in jedem Lebewesen die allgemeinen Bedingungen die wir aufstellten, erfüllten. Wenn wir aber auch nicht ausschließen wollen, daß ein solches einheitliches Regulationsprinzip existiert, so kann es doch sicher ebensowenig richtig sein, rein spekulative Überlegungen über dieses anzustellen, wie der Versuch, eine chemische Analyse dieser Verbindung z. B. vorzunehmen, nicht zum Ziele führen würde. Denn es handelt sich nicht darum, eine für die Lebewesen charakteristische Verbindung zu finden, sondern um die Aufdeckung eines einheitlichen Regulationsmodus, also eines rein biologischen Vorganges. Dazu kann uns aber nur die genaue Analyse der biologischen Vorgänge, die Erforschung der in den Lebewesen gegebenen notwendigen und hinreichenden Bedingungen von Lebensprozessen in denselben. Erst wenn wir auf diesem Wege verschiedene Regulationsmodalitäten bei den verschiedensten Lebewesen erforscht haben, wird es sich zeigen, ob die Annahme eines einheitlichen Regulationsprinzips berechtigt ist und gleichzeitig der Weg angezeigt werden, wo dasselbe in jedem Lebewesen gesucht werden muß.

IX. Kapitel.

Zellenlehre, Zelldifferenzierung, physiologische Arbeitsteilung.

Wie wir gesehen haben, ist es das wesentliche Charakteristikum der Lebewesen, daß sie sämtliche energievermehrende Zustandsänderungen ihrer Umgebung restlos zu Energieformen umwandeln, welche die energievermindernden Zustandsänderungen der Umgebung paralysieren, wodurch sie immer eine in Arbeit umwandelbare Energiemenge behalten, d. h. mit ihrer nächsten Umgebung nie in Gleichgewicht geraten, d. h. das Lebewesen transformiert die Energiequellen der Umgebung zu Energieformen: Druck, Wärme, mechanische Arbeit usw. je nach dem, welchen energievermindernden Einwirkungen es seitens der Umgebung ausgesetzt ist. Wie wir im vorigen Kapitel kurz auseinandersetzten, können a priori verschiedene Möglichkeiten der Erfüllung dieser Bedingungen angenommen werden. Dies gilt von den niedrigst organisierten Lebewesen ebenso, wie von den höchstorganisierten. Wenn wir also auch physiologische Einheiten annehmen, d. h. voraussetzen, daß bei dem niedrigsten Organisationsgrad dieselben Energiequellen in derselben Weise zu denselben regulatorischen Lebensfunktionen transformiert werden, so muß nach den im vorigen Kapitel Gesagten doch folgendes gelten: die physiologische Einheit hat die geringste Assimilationsgrenze und die geringste Intensität der Lebensprozesse, den geringsten Anpassungsgrad und die geringste Lebensdauer (d. h. das Intervall zwischen zwei Teilungen: Rückkehr zur Ausgangsform ist das kürzeste). Denn diese Faktoren bestimmen den Organisationsgrad und wir nehmen ja an, daß die physiologischen Einheiten vom niedrigsten Organisationsgrad sind. Wenn wir aber die physiologische Einheit als ein Lebewesen von der niedrigsten Organisation definieren, so müssen sie unserer Definition und den Prinzipien entsprechen. Es genügt also nicht irgendeine Eigenschaft eines Bestandteiles, z. B. die Teilungsfähigkeit der Zentrosomen oder der Altmannschen Granula usw., um daraus auf die Lebewesennatur desselben zu schließen. Das Kriterium kann nur das von uns aufgestellte sein. Ob also dieser Bestandteil tatsächlich nie in Gleichgewichtszustand bei der gegebenen Umgebung kommt, d. h. sämtliche aufgenommene Energie zur Vermeidung desselben verbraucht wird, daß seine sämtlichen Funktionen regulatorisch sind, und zwar unabhängig von den Lebensfunktionen der Zelle, deren Bestandteil es ist. (Die experimentelle Kontrolle wäre eine Kultur auf Zellmaterial.) Dasselbe drückt Verworn aus in dem Satze: »Es erscheint überhaupt durchaus unzulässig, Systeme als Elementarorganismen zu bezeichnen, für die wir keine Analoga unter den freilebenden Organismen kennen«. (Allg. Physiol. VI. Aufl. 1915, S. 73.) Wenn wir in der Reihe der Lebewesen nach dem Organisationsgrad immer weiter nach unten gehen, so sehen wir, daß dabei die Intensität der Lebensprozesse, die Assimilationsgrenze, der Anpassungsgrad und die Lebensdauer, genauer: das Produkt aus denselben, tatsächlich sinken und wir kommen bei den »einzelligen« Lebewesen an. Bei diesen finden sich aber in bezug auf Organisationsgrad auch noch verschiedene Stufen; so ist das obige Produkt bei den einzelligen Infusorien sicherlich ein viel höheres, als z. B. bei den einzelligen Spaltpilzen. Die Infusorien sind von einem höheren Organisationsgrad, als die Spaltpilze. Wir müßten also auf der Suche nach den physiologischen Einheiten diejenigen »einzelligen« Lebewesen auftreiben, bei welchen das obige Produkt das geringste ist. Wir würden aber dabei sehen, daß dieselben in keiner derartigen Beziehung zu den nächst höherorganisierten »einzelligen« Lebewesen stehen, wie eine Einheit zur Vielheit, denn es handelt sich bei den verschiedenen einzelligen Lebewesen auch schon darum, daß dieselben allgemeinen Bedingungen, die wir in unserer Definition und den Prinzipien aussprachen, in ganz verschiedener Weise erfüllt sind. Wenn aber die Bedingungen in ganz verschiedener Weise bei den verschiedenen »einzelligen« Lebewesen erfüllt sind, wenn ihr Organisationsgrad demgemäß auch ein recht verschiedener ist, warum fassen wir sie dann als »einzellige« zusammen, was haben sie dann gemein?

Um auf diese Frage antworten zu können, müssen wir wieder auf unsere früher abgeleiteten Sätze zurückgreifen. Wir sagten, daß es ein Wachstum ad infinitum nicht geben kann, daß also eine Assimilationsgrenze vorhanden sein muß. Daraus leiteten wir ab, daß es früher oder später unbedingt zu einer Teilung und zu einer Rückkehr zur Ausgangsform kommen muß. Die einzelligen Lebewesen haben nun das gemeinsame, daß bei ihnen mit der nach Erreichung der Assimilationsgrenze notwendigerweise eintretenden Teilung auch eine Rückkehr zur Ausgangsform und ein Herabsinken der Assimilationsgrenze einhergeht. Wir sahen im vorigen Kapitel, daß die Tendenz der Zuchtwahl eine Erhöhung des Organisationsgrades, somit eine Erhöhung der Assimilationsgrenze und mit derselben einhergehende Erhöhung des Anpassungsgrades ist. Gegenüber den einzelligen Lebewesen sehen wir nun der Tendenz der Zuchtwahl, resp. dem höheren Organisationsgrade entsprechend, daß bei der Ausgangsform der mehrzelligen Lebewesen (Eizelle) durch die notwendigerweise eintretende Teilung keine Rückkehr zur Ausgangsform und ein Erhöhen der Assimilationsgrenze eintritt. Dieses wird durch ein Regulationsprinzip erreicht, das darin besteht, daß die Ausgansgform des Lebewesens (Eizelle) sich ebenfalls teilt, indem sie zwei Ausgangsformen bilden, die zwei Ausgangsformen aber in einem Zusammenhang bleiben in der Weise, daß die Zustandsänderungen in der einen als Zustandsänderungen in der unmittelbaren Umgebung auf die andere einwirken und umgekehrt. Bei einer weiteren Erhöhung der Assimilationsgrenze, bei weiterem Wachstum des Lebewesens, muß es zu einer neueren Teilung kommen, es entstehen viel Ausgangsformen, die aber ebenfalls nach dem obigen Regulationsprinzip im beschriebenen Zusammenhang bleiben usw. In dieser Weise ist die Möglichkeit einer weitgehenden Erhöhung des Assimilations- und Anpassungsgrades, der Intensität der Lebensprozesse, sowie der Lebensdauer gegeben. Dabei müssen wir uns vor Augen halten, daß die so durch fortschreitende Teilung in der oben angegebenen Weise in Zusammenhang bleibenden Lebewesen, die der Ausgangsform entsprechen, weitgehende Veränderungen in ihren sämtlichen Lebensprozessen zeigen müssen, denn wie wir im II. Kapitel dieses Teiles zeigten, werden sämtliche Lebensprozesse durch die Zustandsänderungen der Umgebung bedingt und innerhalb gewisser Grenzen bestimmt. Nachdem aber die Erhöhung des Organisationsgrades eben durch einen derartigen Zusammenhang, der durch fortschreitende Teilung entstandenen Lebewesen erreicht wird, bei welchem die Zustandsänderungen des einen Lebewesens als

Zustandsänderungen in der unmittelbaren Umgebung auf die anderen einwirkt und umgekehrt, so heißt das: die Lebensprozesse sämtlicher, durch Teilung entstandenen Lebewesen bedingen und bestimmen innerhalb gewisser Grenzen gegenseitig ihre Lebensprozesse.

Nach diesen Auseinandersetzungen können wir nun auch den in der Biologie gebräuchlichen Begriff der Zelle definieren. Zelle nennen wir ein Lebewesen, das bei der notwendigerweise eintretenden Teilung, Lebewesen von der Ausgangsform, also seinesgleichen bildet, deren Lebensfunktionen nicht notwendigerweise von den Lebensfunktionen dieses Lebewesens als Zustandsänderungen der Umgebung bedingt und bestimmt werden.

So sehen wir bei den einzelligen Lebewesen, daß bei ihnen eine Beeinflussung, der, bei der Teilung neu entstandenen Lebewesen durch die Lebensfunktionen des sie erzeugenden Lebewesens gar nicht stattfindet, daher die neu entstandenen Lebewesen auch vollkommen der Ausgangsform entsprechen. Bei den höher organisierten Lebewesen aber, bei welchen die höhere Organisation durch das Beibehalten des Zusammenhanges der neu entstandenen Lebewesen bedingt wird, also bei den Mehrzelligen, eine gegenseitige Beeinflussung der Lebensfunktionen stattfindet. Als Zelle bezeichnen wir aber die durch Teilung der Ausgangsform entstandenen und im Zusammenhang bleibenden Lebewesen bei den Mehrzelligen deshalb, weil ihre Lebensfunktionen nicht notwendigerweise von den Lebensfunktionen der übrigen durch Teilung entstandenen Lebewesen bedingt und bestimmt werden, d. h. sie würden unabhängig von diesen als Lebewesen weiter existieren.

Wir glauben durch die obige Definition der Zelle das definiert zu haben, was wir bisher tatsächlich als Zelle angesprochen haben. Wir glauben aber auch, daß eine Definition, wie sie in der Biologie meistens üblich ist: »Die Zelle ist das Individuum niedrigster Ordnung« oder »die Zelle ist ein Elementarorganismus« völlig unbefriedigend sein muß, wenn man nur bedenkt, daß es ja schon bei den Einzelligen verschiedene Zellen gibt, die einen ganz außerordentlich verschiedenen Grad der Organisation besitzen. Dürften wir dann diese nicht alle als Zellen bezeichnen? Im Wortgebrauch wurde in der Biologie als Zelle etwas anderes bezeichnet und das, was wir als Zelle definierten, das entspricht genau dem Wortgebrauch. Wir sehen aber, daß dieser Wortgebrauch nicht ein zufälliger war, daß die Lebewesen tatsächlich etwas gemeinsames haben, die wir mit dem Worte Zelle — ich möchte sagen — mit instinktiver Sicherheit bezeichneten. Es handelt sich hier um denselben Prozeß, wie bei dem Begriffe des Lebewesens, der Kraft usw., der ein recht typischer in jeder Naturwissenschaft ist. Dieser Prozeß besteht darin, daß das Gemeinsame in verschiedenen Naturerscheinungen instinktiv erblickt wird und mit einem Namen benannt, bevor noch der Zusammenhang richtig erkannt wird und wie wir das in unserem einleitenden I. Kapitel sagten, kann erst dann der Zusammenhang genauer formuliert und nachgesehen werden, ob es ein fruchtbarer Zusammenhang ist oder nicht. Wenn dann diese Zusammenhänge gefunden und als fruchtbar erkannt werden, »so werden diese im Wortgebrauch verwendeten Namen oft als Bezeichnung für diesen Zusammenhang gewählt, obwohl sie gar nichts oder nur sehr wenig miteinander zu tun haben können.« Wenn also mit dem Wort »Zelle« oder »Elementarorganismus« auch eine andere Vorstellung verbunden war, so glauben wir doch, daß der in unserer Definition gegebene Zusammenhang es ist, der instinktiv gesucht und mit dem Wort bezeichnet wurde. Wir wollen nun in unseren weiteren Ausführungen sehen, ob dieser Zusammenhang auch ein fruchtbarer ist?

Wir fanden, daß jedes Lebewesen eine Assimilationsgrenze haben muß, daß sie die assimilierten Stoffe wieder abbauen muß und eine Rückkehr zur Ausgangsform resp. eine Teilung und so eine Fortpflanzung eintreten muß. Wir sahen, daß diese Assimilationsgrenze im allgemeinen mit dem Organisationsgrade steigt, weiterhin sahen wir, daß diese Assimilationsgrenze und mit derselben auch der Organisationsgrad durch ein neues Prinzip bei den mehrzelligen Organismen erhöht werden kann, welches darin besteht, daß trotz der fortlaufenden Teilung die entstandenen Lebewesen im Zusammenhang bleiben und durch ihre Lebensfunktionen die Lebensfunktionen der übrigen mitbedingen und mitbestimmen. Diese in derartigem Zusammenhang bleibenden Lebewesen nennen wir die Zellen, das aus diesen Zellen bestehende

Lebewesen mit so erhöhter Assimilationsgrenze und so erhöhtem Organisationsgrad nennen wir ein mehrzelliges Lebewesen. Für die mehrzelligen Lebewesen gelten die Prinzipien und die aus ihnen abgeleiteten Sätze ebenso, wie für die einzelnen Zellen, aus denen sie aufgebaut sind.

Jedes mehrzellige Lebewesen entsteht aus einer Zelle, indem, wie wir sagten, die durch die notwendigerweise eintretende Teilung entstehenden Ausgangsformen: Zellen im Zusammenhang bleiben. Dieser Zusammenhang besteht darin, daß die Zustandsänderungen, also die Lebensfunktionen der einen Zelle als Zustandsänderungen der Umgebung auf die andere Zelle einwirken, d. h. die Lebensfunktionen der einen Zelle sind Reize der anderen Zelle und umgekehrt. Nun zeigten wir im vorigen Kapitel, daß jeder Reiz einen Lebensvorgang bedingt und die Lebensvorgänge in ihrer Richtung durch die Reize bestimmt werden. Durch den erwähnten Zusammenhang der Zellen werden also andere Reize andere Lebensvorgänge bedingen. Die Lebensfunktionen der durch Teilung entstehenden Zellen werden somit durch die Lebensfunktionen der anderen mitbedingt und mitbestimmt, sie verändern sich und sind von ihnen abhängig. Diese durch die Lebensfunktionen der anderen Zellen, als Zustandsänderungen der Umgebung, also als Reize bedingte und bestimmte Veränderung der Lebensfunktionen der entstehenden Ausgangsformen, der Zellen, nennen wir die Differenzierung und physiologische Arbeitsteilung der Zellen im mehrzelligen Organismus Diese Differenzierung der Zellen ist also einzig und allein durch die Veränderung der Umgebung bedingt und in ihrer Richtung bestimmt, welche Veränderung der Umgebung in dem Zusammenhang der durch die Teilung entstandenen Lebewesen von der Ausgangsform besteht. Die Tatsache der Differenzierung und der physiologischen Arbeitsteilung sowie die Art und Weise derselben kann und soll also nur aus der durch den erwähnten Zusammenhang bedingten Veränderung der Umgebung abgeleitet und erklärt werden. Jeden anderen Erklärungsversuch, wie die Hissche von den »organbildenden Keimbezirken« und die von

Roux von der Selbstdifferenzierung, die im wesentlichen auf dasselbe hinauskommt, halten wir daher für vermeidbar und glauben, daß auch die Experimente von Roux eine Deutung in unserem Sinne zulassen. Die Bedeutung der Rouxschen »komplexen«, »determinierenden Faktoren« soll natürlich dabei nicht in Abrede gestellt werden; aber wie auch Roux selbst sagt: »Alle Selbstdifferenzierung entsteht nur durch differenzierende Wechselwirkung der Unterteile des Bezirkes, also als abhängige Differenzierung dieser Unterteile.« (Bemerkungen zur Analyse des Reizgeschehens usw. Arch. f. Entw.-Mech. Bd. 46 S. 493.) Ebenso kann aber die Differenzierung nicht durch die ungleiche Verteilung und besonders nicht durch dieselben Einwirkungen der Umgebung auf die Zellen erklärt werden, welche auf die Eizelle einwirkten. Es handelt sich eben darum, daß die Eizelle wie jede Zelle bei der Teilung Lebewesen seinesgleichen bildet. Nachdem sämtliche Lebensfunktionen, wie wir sahen, durch die Zustandsänderungen der Umgebung bestimmt werden, so würden die entstandenen Zellen auch dieselben Funktionen wie die Eizelle ausüben, wenn sie nur denselben Zustandsänderungen der Umgebung ausgesetzt wären, wie die Eizelle. Dieses folgt auch aus unserer Definition der Zelle. Diese einfache Überlegung zeigt also auch zwingend, daß eben der Zusammenhang der Zellen, die gegenseitige Einwirkung der Lebensfunktionen derselben aufeinander der einzige Umstand ist, der die Differenzierung der Zellen bedingt. Ebenso klar wie diese logische Schlußfolgerung beweisen uns dies die bekannten Experimente von Driesch und O. Hertwig, welche zeigten, daß, wenn die ersten zwei oder vier Furchungszellen des Seeigel- oder Froscheies aus dem gegenseitigen Zusammenhang getrennt werden, sie einander und der Eizelle selbst gleichartige Zellen darstellen, aus denen sich dieselben Zellen, dasselbe Lebewesen entwickelt. Auch in anderen Tatsachen möchten wir einen Beweis für diese Auffassung erblicken. So in den Beobachtungen an Zellkulturen (falls sie genügende Bestätigung finden), daß die differenzierten Bindegewebszellen in derselben eine immer geringere Differenzierung und eine Rückkehr zum »embryonalen Typus« zeigen. Aber wir brauchen gar nicht zum Experiment in vitro zurückgehen. Die bösartigen Tumorzellen, von denen wir ja annehmen, daß sie unter einem geringeren Einfluß der Körperzellen stehen, zeigen dieselbe »Entdifferenzierung«, die ihre ungezwungene Erklärung eben in dem Aufhören des Zusammenhanges hat.

So zeigt die logische Denknotwendigkeit und eine Reihe von Beobachtungen, daß eine andere Bedingung der Zelldifferenzierung ausgeschlossen werden kann, daß die notwendige und hinreichende Bedingung derselben der erwähnte Zusammenhang der Zellen ist. Zu diesem Resultate führten uns aber auch unsere Prinzipien und unsere oben gegebene Definition der Zelle.

Wir schlossen nun eine andere Bedingung aus und erbrachten in dieser Weise den Beweis für obigen Satz. Den direkten Beweis zu erbringen, d. h. nachzuweisen, daß aus diesem Zusammenhang sämtliche Differenzierungsprozesse resp. sämtliche Zellfunktionen in einem mehrzelligen Lebewesen erklärt werden können, das ist eben die Aufgabe der speziellen Biologie. Diese Aufgabe ist gleichbedeutend mit dem Nachweise unseres dritten Prinzips, daß sämtliche Lebensvorgänge notwendigerweise regulatorisch sind, denn der Zusammenhang der Zellen, wie wir ihn oben präzisierten, besteht ja darin, daß die Lebensfunktionen derselben energievermehrende oder energievermindernde Einwirkungen aufeinander darstellen. Wir sagten aber, daß die Gesetze des mehrzelligen Lebewesens dieselben sind, wie die des Einzelligen, hier also auch alle aufgenommene Energie wieder zur Vermeidung des Gleichgewichtes verwendet werden muß, d. h. jede gegenseitige Beeinflussung der einzelnen Zelle regulatorisch sein muß. Die Aufgabe der Biologie ist es eben, die Gesetze dieser regulatorischen biologischen Erscheinungen aufzusuchen und auf die Grundprinzipien zurückzuführen.

Wir sagten nun, daß die durch Teilung entstandenen Zellen aus dem Zusammenhang herausgenommen sich wieder zur Ausgangsform entdifferenzieren. Dies ist innerhalb gewisser Grenzen durch die Erfahrung bestätigt, es ist auch möglich, daß unter ganz idealen Versuchsanordnungen, diese Entdifferenzierung mit differenziertesten Zellen eines hochorganisierten Lebewesens gelingen würde. So z. B. zeigen im Pflanzenreich ganz hochdifferenzierte Zellen und Gewebe die Fähigkeit der Entdifferenzierung und neuerlichen Differenzierung. (S. die Erscheinungen bei der Vermehrung durch Stecklinge.) Im allgemeinen zeigt aber die Erfahrung, daß die weitdifferenzierten Zellen sich nicht mehr zur Ausgangsform zurückdifferenzieren. Deshalb müssen diese Teile, die sich nicht zum Ausgangstypus zurückbilden, sterben, denn das Gesetz lautet: geht das Lebewesen nicht restlos in den Ausgangsformen auf, so bleiben die Ausgangsformen bestehen, der nicht zur Bildung von Ausgangsformen verbrauchte Teil muß notwendigerweise dem Tode verfallen. Würden sich also alle Zellen des mehrzelligen Lebewesens zur Ausgangsform zurückbilden, so müßte kein Teil sterben.

Es wird also durch den Zusammenhang von zahlreichen Zellen, der Zuchtwahltendenz entsprechend, die Assimilationsgrenze, die Intensität und Anzahl der regulatorischen Lebensfunktionen, der Anpassungsgrad, sowie die Lebensdauer des Lebewesens erhöht, dafür wird nur ein geringer Teil der Zellen wieder zur Bildung der Ausgangsform verwendet, der größte Teil muß daher notwendigerweise absterben. Ein scheinbarer Unterschied zwischen Tier und Pflanze ist der, daß bei den Pflanzen das Lebewesen anscheinend unbegrenzt wachsen kann. Der Unterschied besteht aber nur darin, daß hier die abgestorbenen Zellen (Dauerzellen) mit dem Lebewesen in Verbindung bleiben.

X. Kapitel.

Regeneration.

In diesem Kapitel wollen wir unsere Prinzipien und die daraus abgeleiteten Sätze auf eine Erscheinung anwenden, welche ebenfalls für sämtliche Lebewesen und nur für die Lebewesen charakteristisch ist: auf die Regeneration. Die Erscheinung der Regeneration muß also auch eine Folge der für die Lebewesen geltenden Prinzipien sein, sie muß aus denselben ableitbar sein. Wir werden diese Ableitung hier kurz versuchen, werden weiterhin untersuchen, ob diese allgemeinen Prinzipien uns nicht gewisse Richtlinien geben, wo wir die Erklärung der in der Erfahrung gegebenen Eigentümlichkeiten der Regenerationserscheinungen suchen sollen und ob wir durch diese Richtlinien auch auf experimentelle Wege geleitet werden, die uns gestatten, weitere fruchtbare Zusammenhänge in bezug auf die Regeneration aufzufinden.

Wir müssen also die Frage stellen, welche Zustandsänderungen im Lebewesen, d. h. welche Lebensvorgänge werden sich abspielen, wenn von einem Lebewesen durch irgendeine äußere Einwirkung ein Teil abgetrennt wird? Kann aus unseren Prinzipien und den aus ihnen abgeleiteten Sätzen diesbezüglich irgendein Schluß gezogen werden? Entspricht derselbe der Erfahrung?

Wenn von einem Lebewesen ein Teil abgetrennt wird, ohne durch diese Einwirkung den Anpassungsgrad zu überschreiten, d. h. ohne Eintritt einer Katastrophe, so hat das zur Folge, daß 1. diejenigen Teile des Lebewesens, die durch die abgetrennten unmittelbar begrenzt waren, jetzt veränderten Zustandsänderungen der Umgebung, veränderten Reizen ausgesetzt sind, denn anstatt den Lebensvorgängen der abgetrennten Teile wirken jetzt Zustandsänderungen der Umgebung auf sie ein; 2. da sämtliche Lebensvorgänge notwendigerweise regulatorisch sind, so waren es auch diejenigen Lebensvorgänge, die in den abgetrennten Teilen stattfanden, es sind also gewisse regulatorische Lebensvorgänge weggefallen. Die Lebensvorgänge oder Lebensfunktionen, die weggefallen sind, waren daher solche, die zur Vermeidung des Gleichgewichtes also zur Vermeidung des Todes und wie sämtliche Lebensprozesse, waren sie ebenfalls durch die Zustandsänderungen in der Umgebung bedingt und in gewissem Grade bestimmt. Die durch die abgetrennten Teile unmittelbar begrenzten Teile werden also den anderen Reizen entsprechend andere Lebensvorgänge zeigen, diese anderen Lebensvorgänge sind notwendigerweise regulatorisch und durch die anderen Reize bestimmt (s. Anpassung). Nachdem aber die Reize dieselben sind, die vor der Abtrennung auf die abgetrennten Teile einwirkten, also die Lebensvorgänge diese mitbestimmten, die übrigen Lebensvorgänge bestimmenden Zustandsänderungen der einwirkenden Umgebung dieselben geblieben sind, so werden die Lebensvorgänge der den abgetrennten Teilen begrenzten Teile in derselben Weise bestimmt, wie die Lebensvorgänge der abgetrennten Teile selbst, sie werden auch notwendigerweise regulatorisch sein und da sie denselben Zustandsänderungen gegenüber die regulatorischen Funktionen ausüben, werden sie dieselben regulatorischen Funktionen ausüben, wie die abgetrennten Teile selbst. Die den abgetrennten Teilen unmittelbar begrenzten Teile werden also notwendigerweise dieselben Funktionen ausüben, die sie auch vorhin ausübten, denn diese sind ja auch regulatorische und außerdem notwendigerweise auch diejenigen, die die abgetrennten Teile ausübten. Da die abgetrennten Teile ebenfalls Energie aufnahmen, assimilierten, werden sie also eine erhöhte Assimilation zeigen, sie werden wachsen, das Plus der assimilierten Energie zu denselben regulatorischen Funktionen verwenden, welche den abgetrennten Teilen eigen waren. D. h. wenn von einem Lebewesen ein Teil abgetrennt wird, ohne durch diese Einwirkung den Anpassungsgrad zu überschreiten, so erfolgt in den, den abgetrennten Teilen unmittelbar begrenzten Teilen ein Wachstum und die anwachsenden Teile werden dieselben Lebensfunktionen ausüben, welche die abgetrennten ausübten. Das ist aber die in der Erfahrung gegebene allgemeine Erscheinung der Regeneration. Die Regeneration ist demnach ein spezieller Fall der Anpassung, d. h. der Bestimmung der Lebensvorgänge durch die Zustandsänderungen der Umgebung.

Wir sehen in der Erscheinung der Regeneration also nicht etwas mehr Wunderbares, als in jeder anderen Anpassungserscheinung, wie z. B. in der erhöhten Assimilation durch gewisse Einwirkungen oder in jeder anderen regulatorischen Lebensfunktion; nur fällt hier beides zusammen: erhöhte Assimilation und regulatorische Lebensfunktion in der Weise, daß die durch die Zustandsänderungen der Umgebung assimilierten Teile gleichzeitig die durch die Zustandsänderungen der Umgebung bestimmten regulatorischen Lebensfunktionen ausüben.

Wir sagten oben, daß diejenigen Lebensvorgänge, die in den abgetrennten Teilen stattfanden, notwendigerweise regulatorisch waren. Die regulatorischen Lebensvorgänge, welche in den, durch die erhöhte Assimilation nachwachsenden Teilen stattfinden, müßten daher ebenfalls regulatorisch sein. Wenn wir nun im allgemeinen die Frage stellen; müssen diese regulatorischen Lebensvorgänge dieselben sein, so können wir dies verneinen. Denn es kann angenommen werden, daß dieselben regulatorischen Lebensfunktionen, d. h. dieselben gleichgewichtsvermeidenden Leistungen auch durch andere Prozesse erzielt werden, welche dann ebenfalls regulatorisch sind. So zeigt auch die Erfahrung, daß bei der Regeneration nicht immer genau der verlorene Körperteil zum Vorschein kommt, sondern eine phylogenetisch ältere Form (Weismann).

Die hier ausgeführten Überlegungen beziehen sich auf sämtliche Lebewesen, auf Einzellige sowohl wie auf die hochorganisierten Mehrzelligen. Wir wollen nun untersuchen, wie sich die Erscheinungen der Regeneration bei den Mehrzelligen und höher organisierten Lebewesen, wie die Zellvermehrung, die verschiedene Regenerationsfähigkeit der verschieden differenzierten Gewebe usw. aus unseren Prinzipien abgeleitet, also erklärt werden können.

Bei den mehrzelligen Lebewesen bedeutet die Abtrennung eines Teiles immer die Abtrennung einer Anzahl in gewissem Sinne differenzierten Zellen, die Regeneration das Einsetzen einer Zellproliferation in den der abgetrennten Teile benachbarten Zellen. Die erste Frage ist nun die: was bedingt die Zellproliferation? Die Antwort ist nach dem oben Gesagten einfach: durch die Abtrennung der benachbarten Zellen werden die Zustandsänderungen der so veränderten Umgebung (d. h. nicht mehr die Lebensvorgänge in den abgetrennten benachbarten Zellen) als Reize die Lebensvorgänge in diesen Zellen bestimmen, und zwar in der Weise, daß nach dem oben Gesagten dieselben eine erhöhte Assimilation zeigen werden. Die Assimilationsgrenze der Zellen müßte also überschritten werden: es muß zu einer Teilung der Zellen, zu einer Zellproliferation kommen.

Die Bedingung der Zellproliferation ist also nicht in dem Wegfall von gewissen unbekannten Wachstumshindernissen oder in irgendwelchem, nicht näher bestimmbaren »formativen Reiz«, sondern in der durch die veränderte Umgebung bedingten Steigerung der Assimilation. Diese vermehrte Assimilation ist eine regulatorische Lebensfunktion wie jede andere, sie wird also durch gewisse regulatorische Einrichtungen im Lebewesen bedingt, und zwar durch solche, die im Lebewesen ständig vorhanden und wirksam sind und die Assimilation der Zellen beeinflussen. So sehen wir, bei den höheren Tieren, daß die innersekretorischen Organe, die bekanntlich einen Einfluß auf die Assimilation ausüben, tatsächlich auch die Regeneration beeinflussen. So wird z. B. durch den Ausfall resp. durch eine Verminderung der Schilddrüsenfunktion die Regeneration (Wundheilung) beeinträchtigt*).

*) S. Biedl: Die innere Sekretion. III. Aufl. 1916. Bd. 1. S. 191. Eppinger: Das Oedem.

Die durch die Proliferation entstandenen Zellen müssen nun nach dem, was wir für die Lebewesen im allgemeinen sagten, dieselben Lebensvorgänge wie die abgetrennten Zellen zeigen, d. h. die neu entstandenen Zellen müßten dieselben Differenzierungen zeigen. (Dies ist keine unbedingt strenge Forderung, denn wie wir auseinandersetzten, können auch andere Vorgänge zu denselben regulatorischen Funktionen führen.) Diese Forderung ist nun in der Erfahrung in verschiedenem Grade erfüllt. Wenn wir untersuchen wollen, von welchen allgemeinen Bedingungen die Differenzierung der bei der Regeneration entstandenen Zellen abhängt, so müssen wir uns an folgende im vorigen Kapitel abgeleiteten Sätze halten: 1. die Zellen bilden bei der Teilung Zellen von der Ausgangsform, deren Lebensfunktionen nicht notwendigerweise von den Lebensfunktionen der Nachbarzellen bedingt und bestimmt werden, 2. die Differenzierung der Zellen ist einzig und allein durch die Einwirkung der Lebensfunktionen der Nachbarzellen bedingt. Diese zwei Sätze gelten nun auch für die Regeneration, d. h. die durch die Zellproliferation bei der Regeneration gebildeten Zellen sind bei ihrer Entstehung noch nicht differenzierte Gewebezellen, sondern »indifferente«, »embryonale« Zellen von der Ausgangsform, sie werden in derselben Weise differenziert, wie die abgetrennten Zellen waren, weil sie in denselben Zusammenhang d. h. unter dieselben Einwirkungen derselben Nachbarzellen geraten. Wird also ein differenziertes Gewebe regeneriert, z. B. Leber-, Nierengewebe usw., so entstehen nicht bei der Proliferation Leber, Nierenzellen usw., sondern indifferente Zellen, die sich dann zu Leber-, Nierenzellen usw. differenzieren. Daß dies tatsächlich der Fall ist, das sehen wir bei den Lebewesen von geringerem Organisationsgrad, wo ausgedehntere Regenerationen auch differenzierter Gewebe stattfinden. So bei den Pflanzen, bei den Regenerationen von ganzen Extremitäten, bei Salamandern, bei der Regeneration des Tritonauges usw. In diesen Fällen ist es klar, daß es sich tatsächlich um eine nachträgliche Differenzierung indifferenter Zellen handelt.

Aus dem Gesagten folgt, daß die Bedingung der Regeneration eines Gewebes darin gegeben ist, daß die proliferierenden Zellen, Zellen von der Ausgangsform, d. h. »indifferente«

oder »embryonale« Zellen bilden können. Wie wir im vorigen Kapitel auseinandersetzten, hat zwar im Prinzip jede Zelle diese Eigenschaft, daß aber die Erfahrung zeigt, daß die hochdifferenzierten Zellen diese Eigenschaft nur im geringen Grade besitzen. Daraus folgt also, daß je differenzierter ein Gewebe, um so geringer seine Fähigkeit zur »Entdifferenzierung«, also um so geringer seine Regenerationsfähigkeit. Dieser Zusammenhang ist ein gut bekannter und kann aus unseren Prinzipien in obiger Weise gut erklärt werden.

Wenn wir nun nachsehen wollen, wo wir also die Bedingungen der Regeneration zu suchen haben, um daraus auch auf experimentelle Wege geleitet zu werden, so finden wir auch dafür einige Richtlinien in dem oben Gesagten. Es handelt sich darum, die regulatorischen Faktoren im Lebewesen zu finden, welche die regulatorische Funktion der Regeneration beeinflussen. Das sind nach obigem: 1. die Assimilation, es kann also die Regeneration durch Störungen der Assimilation beeinflußt werden. So können uns in dieser Richtung ausgeführte Experimente, wie die oben erwähnten Beobachtungen über den Einfluß der Schilddrüsenfunktion zeigen, weitere Aufschlüsse über diese regulatorischen Faktoren geben, 2. die Differenzierung der gebildeten »indifferenten« Zellen, d. h. der Einfluß der Nachbarzellen. Denn die Bildung der »indifferenten« Zellen führt noch zu keiner Regeneration, da diese eben darin besteht, daß die durch die gesteigerte Assimilation neu gebildeten Teile, Zellen, dieselben regulatorischen Funktionen ausüben, wie sie die abgetrennten Teile zeigten. Dies wird aber — wie im vorangehenden Kapitel auseinandergesetzt wurde — einzig und allein durch den regulatorischen Einfluß der Nachbarteile, also durch den die Differenzierung bedingenden Zusammenhang der gebildeten Zellen mit den umgebenden bedingt. Wenn wir also in verschiedener Weise diesen Zusammenhang experimentell stören oder aufheben können, so haben wir damit ebenfalls einen Weg zur experimentellen Analyse der bei der Regeneration im Lebewesen wirkenden regulatorischen Faktoren. Welche Resultate wir hier erwarten dürften, das wollen wir bei der Geschwulstfrage des näheren besprechen.

XI. Kapitel.

Die Abbauprodukte. (Fermente, innere Sekretion, kompensatorische Hypertrophie.)

Unser drittes Grundprinzip besagt, daß sämtliche Lebensvorgänge notwendigerweise regulatorisch sind, d. h. sämtliche im Organismus freiwerdenden Energien zur Deckung der regulatorischen Lebensfunktionen verwendet werden. Da nun die Energiequellen der Lebewesen die chemische Energie der hochmolekularen Verbindungen der Umgebung (Tiere) oder die in diese chemische Energie umgewandelte Lichtenergie der Umgebung (Pflanzen) darstellen, so wollen wir an Hand der im Organismus freiwerdenden chemischen Energien die Giltigkeit dieses Prinzips an einigen Beispielen prüfen. Auf die chemische Energie angewandt, bedeutet das Prinzip, daß die chemische Energie sämtlicher Verbindungen, die bei dem stufenmäßigen Abbau der aufgenommenen hochmolekularen Verbindungen im Organismus entstehen, zur Deckung der Energie verwendet wird, welche zu irgendeinem regulatorischen Lebensvorgang notwendig ist. Kurz gesagt: *sämtliche, im Organismus entstehenden Abbauprodukte bedingen regulatorische Lebensvorgänge oder Lebensfunktionen.*

Hier wollen wir die Gelegenheit wieder benützen, um zu betonen, daß die Aufgabe der Biologie es ist, die Bedingungen dieser regulatorischen Lebensvorgänge im Lebewesen zu erforschen, d. h. zu untersuchen, welche Abbaustufen, welchen Lebensvorgang im Lebewesen bedingen Die Resultate der Chemie der Zellen, Gewebe und Organe, werden dabei verwertet, aber sie bilden eben nur einen speziellen Zweig der Chemie, ebenso wie z. B. die Chemie der Terpene oder der anorganischen Verbindungen usw. Die Biologie beginnt erst dort, wo wir die Bedingungen der regulatorischen Lebensvorgänge im Organismus untersuchen. Und hier sind es eben andere Prinzipien und andere Methoden, die uns zum Ziele führen. Es ist ein verkehrter Weg, biologische Zusammenhänge, also Zusammenhänge zwischen den Lebensvorgängen in Zellen und Geweben anzunehmen, weil sie mit den Resultaten der Chemie im Einklang stehen, anstatt biologische Zusammenhänge selbst zu suchen und auf Grund derselben chemische Prozesse anzunehmen (falls wir sie überhaupt gleich auf solche zurückführen wollen). Wir wollen ja nicht die chemischen Erscheinungen mit den biologischen erklären, sondern umgekehrt. Dieser verkehrte Weg wird aber unseres Erachtens nicht selten betreten, wenn es sich um die Verwertung der Resultate der organischen Chemie handelt. So wird z. B. wahrscheinlich öfter als berechtigt, d. h. fruchtbar erscheint, eine Fermentation in der lebenden Zelle angenommen, um die Lebenserscheinungen mit den Resultaten der Chemie in Einklang zu bringen. Wenn Abderhalden sagt: »Da das Fermentproblem zurzeit noch zum großen Teil ein biologisches ist, so weit die Frage der Abgrenzung der Spezifität in Frage kommt, muß unser Hauptaugenmerk auf das Vorkommen der einzelnen Fermente gerichtet sein«. (Lehrb. d. physiol. Chemie, III. Aufl. 1915, II. Teil, S. 1076), so können wir dem nicht beipflichten, denn wenn die Frage eine biologische ist, so heißt das, daß diese biologische Frage erst auf Grund der Lebenserscheinungen im Organismus gelöst werden muß und erst dann wird es sich zeigen, ob es überhaupt eine Fermentfrage ist. Aber nach den einzelnen Fermenten zu suchen, muß jedenfalls als verfrüht bezeichnet werden, um so mehr »da man die Fermente als solche gar nicht kennt« und man sich so »hauptsächlich mit ihrer Wirkung beschäftigt« hat (ebenda S. 1011). Wir vermuten, daß die Bedingungen dieser Wirkungen im Lebewesen noch nicht genau analysiert wurden. Diese Feststellung der Wirkungsbedingungen im Lebewesen ist aber eine rein biologische Frage. Die Lösung dieser Frage wird uns dann zeigen, ob und inwieweit es fruchtbar erscheint, die so gewonnenen biologischen Zusammenhänge auf Fermentwirkungen zurückzuführen. Wir können uns leicht vorstellen, daß diese Wirkungen nicht durch das Vorhandensein von gewissen Verbindungen bedingt sind, sondern durch mehrere, zumeist in den Lebewesen gleichzeitig vorhandene Umstände, ebenso wie z. B. die osmotische Druckwirkung durch das Vorhandensein einer Lösung und einer Scheidewand, die elektrische Stromwirkung durch das Vorhandensein einer Elektrolyt-Lösung und zweier Elemente usw. bedingt werden.

Auf diese Überlegungen kurz hinzuweisen, hielten wir nicht für überflüssig, da sämtliche Lebewesen mittelbar oder unmittelbar eben die chemische Energie der hoch-molekularen Verbindungen als Energiequelle verwenden und so unser obiger Satz im Grunde genommen auch umgekehrt besteht, d. h. sämtliche regulatorischen Lebensvorgänge werden durch die im Organismus entstehenden Abbauprodukte bedingt. Die Frage nach den Entstehungsbedingungen dieser Abbauprodukte im Lebewesen ist also tatsächlich eine der wesentlichsten biologischen Fragen.

Die Tatsache, daß die entstehenden Abbauprodukte eine wichtige biologische, d. h. regulatorische Rolle im Lebewesen spielen und es daher sicherlich kein Zufall ist, in welcher Richtung der Abbau gewisser Verbindungen stattfindet, ist bekannt und ist eine direkte Folge unserer Prinzipien. Wir wollen daher auf die bekannten Tatsachen, daß z. B. auch die letzten Endprodukte des Abbaus, wie z. B. die Kohlensäure im tierischen Lebewesen, eine wichtige regulatorische Lebensfunktion, die Atemregulation bedingen, nicht näher eingehen. Wir wollen eher zu zeigen versuchen, daß aus unseren Prinzipien folgende allgemeine Überlegungen uns auch hier als Wegweiser dienen können, bei der Lösung gewisser Probleme.

Auf Grund des oben Gesagten nehmen wir also an, daß sämtliche Abbauprodukte regulatorische Lebensvorgänge bedingen und sämtliche Lebensvorgänge durch Abbauprodukte bedingt werden. Weiterhin folgt aus den im Kapitel über Differenzierung Gesagten, daß die verschiedenen Zell- und Gewebearten resp. die verschiedenen Organe verschiedene Verbindungen assimilieren und verschiedene Abbauprodukte liefern. Die Energiequelle einer Zellart sind die Verbindungen, die sie assimiliert; dagegen repräsentieren die von ihr aus diesen gebildeten Abbauprodukte energievermindernde Einwirkungen der Umgebung. Für eine andere Zellart sind aber diese Abbauprodukte wieder die Energiequellen usw. Die Funktionen der verschiedenen Zellarten bestehen aber, wie unsere Definition besagt, in der Paralysierung oder Eliminierung dieser energievermindernden Einwirkungen der durch sie produzierten Abbauprodukte, wodurch wieder eine Vermehrung der Abbauprodukte in der Umgebung dieser Zellart stattfinden würde, wenn diese Abbauprodukte nicht inzwischen als Energiequellen zu anderen regulatorischen Lebensfunktionen einer anderen Zellart aufgebraucht,

d. h. assimiliert würden, um dort zu einem weiteren Abbauprodukt umgebildet zu werden. Bis schließlich die letzten Endprodukte des Abbaues entstehen. Wenn wir nun dabei unser drittes Grundprinzip vor Augen halten, nach welchem sämtliche Lebensvorgänge notwendigerweise regulatorisch sind, d. h. bei diesen sämtlichen Umwandlungen keine Energie verloren geht, sondern alle zu regulatorischen Lebensfunktionen verwendet wird, so ist es klar, daß die bei dem Abbau einer Verbindung freiwerdende chemische Energie zum Teil zu einem regulatorischen Vorgang, d. h. zu einer Arbeitsleistung umgewandelt wird, welche die Paralysierung der energievermindernden Einwirkung des dabei entstehenden Abbauproduktes oder die Eliminierung desselben aus der Umgebung bewirkt, bis schließlich die bei der Entstehung der letzten Endprodukte freiwerdende chemische Energie die Arbeitsleistungen derjenigen regulatorischen Funktionen decken muß, welche zur Eliminierung dieser Endprodukte aus dem Lebewesen notwendig sind. Denn nur so kann dem dritten Prinzip entsprochen werden. Wir sehen auch tatsächlich, z. B. bei den Tieren, daß die Atmungsintensität von der im Lebewesen gebildeten Kohlensäuremenge abhängt, was eben in dem Gesagten seine Erklärung findet.

Solche Eliminierung der Endprodukte des Stoffwechsels durch die Umwandlung der bei der Entstehung derselben freiwerdenden Energie wird wohl auch bei anderen Endprodukten der Fall sein. Wir denken hier vor allem an die Rolle der Drüsen mit innerer Sekretion und erwähnen unsere »Untersuchungen über die Funktion der Nebennieren usw.« (s. E. Bauer, Virchows Archiv, Bd. 225, H. 1), wo wir dies in bezug auf die Harnsäure nachzuweisen suchten und die Vermutung aussprachen, daß derartige Regulationen »in der Lehre der inneren Sekretion nicht ohne Analogien dastehen dürfte«. So wurde tatsächlich fast jedem innersekretorischen Organ eine »entgiftende« Funktion zugeschrieben. Es ist nur natürlich, daß dann an solche Gifte gedacht werden muß, die nicht zufällig in das Lebewesen gelangten, sondern in demselben ständig entstehen und eine toxische Wirkung ausüben. Das sind aber die Abbauprodukte. So konnte mittels Rattenfäzes bei den Ratten eine Schilddrüsenvergrößerung erzeugt werden. So konnte gezeigt werden, daß die Hypophyse mit der Harnabsonderung in enger Beziehung steht, so zeigt die Thymus eine scheinbar erhöhte Funktion bei Hungerzuständen, also bei Zuständen, wo vermehrte Eiweißabbauprodukte im Lebewesen entstehen usw. Die Tatsache, daß sämtliche innersekretorische Drüsen in erster Linie mit Stoffwechselvorgängen zusammenhängen und die Störungen ihrer Funktion mit der Anhäufung von Abbauprodukten einhergeht, spricht auch für eine derartige Rolle. Welche Abbauprodukte mit welchen regulatorischen Funktionen in innersekretorischen Organen im Zusammenhang stehen, das zu erforschen ist die Aufgabe der speziellen Physiologie.

Nehmen wir nun an, ein Teil eines Organes (z. B. eines Muskels), der ein gewisses Abbauprodukt: *A* (z. B. Milchsäure) liefert, fällt durch irgendeine Einwirkung aus und wird nicht regeneriert. Das höhere Stoffwechselprodukt: *B* (z. B. Traubenzucker), welches diese Organzellen assimilieren und aus welchem sie dieses Abbauprodukt bilden, wird von einem anderen Organ (z. B. von der Leber) in demselben Maße abgebaut, also diesen Organzellen (Muskelzellen) geliefert. Soll aber laut dem dritten Prinzip keine Energie verloren gehen, dann muß die chemische Energie dieses Abbauproduktes : *B* (Traubenzuckers) vollständig verwertet werden. Es muß also dieselbe Menge des Abbauproduktes *B* zu derselben Menge *A* (Milchsäure) abgebaut werden. D. h. der geringere Teil des Organs, die geringere Anzahl der Zellen muß eine ebenso große Menge assimilieren, die Zellen vergrößern sich und wenn die Assimilationsgrenze überschritten wird, so kommt es zu einer Vermehrung dieser Zellen. Diese Erscheinung ist die sogenannte kompensatorische Hypertrophie, ein regulatorischer Lebensvorgang, welcher seine Erklärung in dem eben Gesagten hat und bedingt wird durch dasjenige Stoffwechselprodukt oder Abbauprodukt (resp. Produkte), welches das Organ assimiliert und weiter abbaut.

Wir sehen, daß zwischen Regeneration und kompensatorischer Hypertrophie nahe Beziehungen bestehen. Hier wie dort handelt es sich um eine Mehrassimilation der geschädigten Gewebeart. Die kompensatorische Hypertrophie tritt dann ein, wenn die Gewebeart so weit differenziert ist, daß eine Bildung von Ausgangsformen, d. h. »indifferenten«, »embryonalen« Zellen nicht oder nur in geringem Grade erfolgt, was die Bedingung der Regeneration ist. Je weniger von den zu assimilierenden Abbauprodukten zur Bildung solcher indifferenten Zellen also zur Regeneration verwendet werden kann, um so mehr wird davon notwendigerweise zur kompensatorischen Hypertrophie verwendet. So erklärt sich ganz ungezwungen der zuerst von Ribbert erkannte Zusammenhang, daß die Regenerationsfähigkeit und die Fähigkeit zur kompensatorischen Hypertrophie eines Gewebes in umgekehrtem Verhältnis zueinander stehen.

Wir sehen an diesen wenigen Beispielen, daß die Anwendung unserer Prinzipien auf die Abbauprodukte eine Reihe von Tatsachen ungezwungen erklärt, insbesondere aber uns in den Stand setzt, die Richtigkeit dieser Erklärungen experimentell zu kontrollieren, sowie uns weitere Möglichkeiten gibt zur experimentellen Erforschung der Bedingungen der regulatorischen Lebensvorgänge im Organismus. Nur muß dabei vor Augen gehalten werden, daß wir nicht die Bedingungen der chemischen Vorgänge selbst suchen, sondern die Bedingungen der regulatorischen Lebensfunktionen, die im Lebewesen gegeben sind. Die Resultate der Chemie werden dabei ebenso wie die der reinen Morphologie als Kontrolle unserer Ergebnisse sicherlich äußerst nützlich sein. Aber wie man aus der Form einer Zelle nicht a priori auf ihre Funktion schließen kann, so kann aus den in der Zelle nachgewiesenen Verbindungen auch nicht auf deren Rolle bei den Lebensfunktionen geschlossen werden.

III. Teil. Anwendung der Prinzipien in der Pathologie.

XII. Kapitel.

Begriff der Krankheit, Methode der Pathologie.

In diesem dritten Teil wollen wir noch kurz untersuchen, ob und inwieweit unsere Prinzipien auch auf dem Gebiete der Pathologie fruchtbar erscheinen. Bekanntlich verursachte schon die Abgrenzung des Gebietes der Pathologie von der Physiologie, also die Definition der Krankheit, gewisse Schwierigkeiten. Wenn wir uns aber an unsere Prinzipien halten, nach welchen sämtliche Lebensvorgänge und Lebensfunktionen notwendigerweise regulatorisch sind, so werden diese Schwierigkeiten sofort aufgehoben. Wir definieren dann: Krankheit ist jede Regulationsstörung. Wir müssen uns dabei nur die schon im ersten Teil genau definierten Begriffe vor Augen halten. Die obige Definition heißt dann: Krankheit nennen wir jeden Lebensprozeß, der nicht regulatorisch ist, bei welchem also die aufgenommenen Energien nicht oder nicht restlos zur Gleichgewichtsvermeidung verbraucht werden. Aus dieser Definition folgt zugleich, daß eine Krankheit nur durch äußere Einwirkungen verursacht werden kann. Denn ein Lebewesen ist definitionsgemäß so eingerichtet, daß seine sämtlichen Lebensprozesse notwendigerweise regulatorisch sind.

Diese äußere Einwirkung, welche die Regulationsstörung, d. h. die Krankheit bewirkt, kann nun eine derartige sein, daß sie gleichzeitig den Anpassungsgrad überschreitet, d. h. die durch dieselbe bedingten und in ihrer Richtung bestimmten Lebensvorgänge ihre notwendigerweise gegebene Grenze überschreiten (siehe Kapitel Reizbarkeit, Anpassung). In diesem Falle kann die Regulationsstörung durch einen anderen (durch diese Störung bedingten und bestimmten) Regulations- oder Anpassungsvorgang nicht korrigiert werden. Sie führt zur Katastrophe, zum Gleichgewichtszustande, zum Tode. Im anderen Falle wird diese Krankheit bewirkende äußere Einwirkung den Anpassungsgrad nicht überschreiten, dann wird diese Regulationsstörung notwendigerweise durch einen (durch diese Regulationsstörung bedingten und bestimmten) Regulations- oder Anpassungsvorgang korrigiert.

Wird z. B. durch eine schädigende Einwirkung die regulatorische Funktion beider Nieren aufgehoben, dann kann diese Störung nicht mehr korrigiert werden. Sie überschreitet den Anpassungsgrad. Wird dagegen nur die regulatorische Funktion der einen Niere gestört, so tritt eine eben durch diese Störung bedingte und bestimmte Regulation, also ein Anpassungsvorgang ein: die kompensatorische Hypertrophie (siehe Kapitel Abbauprodukte). Jede Krankheit, also jede Regulationsstörung, die den Anpassungsgrad nicht überschreitet, führt notwendigerweise zu einem Anpassungs-, d. h. Regulationsvorgang. (Denn die Anpassung ist ja als eine allgemeine Eigenschaft sämtlicher Lebewesen aus unseren Prinzipien abgeleitet worden.) Wird nun durch diesen Regulations- oder Anpassungsvorgang unseren Prinzipien wieder entsprochen, d. h. werden durch denselben wieder sämtliche aufgenommenen Energien zur Gleichgewichtsvermeidung verbraucht, so bleibt das Lebewesen, trotz der Regulationsstörung, trotz der Krankheit am Leben. Werden also in unserem obigen Beispiel sämtliche Abbauprodukte (chemische Energien), welche infolge der Regulationsstörung der einen Niere nicht zur Bestreitung der regulatorischen Funktionen in derselben verwendet werden können, durch die andere Niere verwendet, so tritt kein Tod ein. Der Anpassungsgrad wird überschritten, wenn der durch eine Regulationsstörung, d. h. Krankheit bedingte und bestimmte notwendigerweise eintretende Regulations- resp. Anpassungsvorgang nicht dazu führt, daß sämtliche aufgenommenen Energien wieder zur Gleichgewichtsvermeidung verwendet werden, d. h. wenn durch denselben nicht wieder sämtliche Lebensprozesse regulatorisch werden, wie es unsere Prinzipien eben fordern.

Krankheit nennen wir nur den gestörten Regulationsprozeß, die Regulationsstörung selbst, den durch dieselbe bedingten Anpassungsvorgang aber nicht, denn dieser Anpassungsvorgang ist ja ein, unseren allgemeinen Prinzipien entsprechender Regulationsvorgang. Er ist, wenn man so sagen will: physiologisch. So werden wir z. B. einen Fehler der Herzklappen, eine Verkürzung oder Verwachsung derselben, oder richtiger die von diesem ausgeübte Funktion als eine Krankheit bezeichnen, die durch dieselbe notwendigerweise bedingte und bestimmte regulatorische Herzhypertrophie ist aber physiologisch. Krankheit, also eine Regulationsstörung wäre es, wenn nach einem Herzklappenfehler die regulatorische Herzhypertrophie nicht eintreten würde.

Dieser bei jeder Krankheit eintretende regulatorische Anpassungsvorgang tritt nun nicht deshalb ein, um zu korrigieren, also nicht weil es zweckmäßig ist. Er tritt ein, weil durch die Krankheit, durch die Regulationsstörung also, eine gewisse Energie nicht zur Gleichgewichtsvermeidung verwendet wird; nachdem aber nach unseren Prinzipien — soll das Lebewesen am Leben bleiben — sämtliche Energien dazu verwendet werden, so wird diese durch die Krankheit nicht dazu verwendete Energie auf anderem Wege dazu verwendet werden. Die Herzhypertrophie tritt also nach einem Herzklappenfehler nicht deshalb ein, weil das Herz mehr Arbeit zu leisten hat, sondern deshalb, weil durch den Herzklappenfehler eine Energie: der auf die Herzklappen ausgeübte mechanische Druck der Blutsäule, nicht mehr zu einer regulatorischen Funktion durch die Herzklappe verwendet wird. Dieser mechanische Druck muß also laut unseren Prinzipien auf anderem Wege zu einer regulatorischen Funktion verwendet werden. Dieser mechanische Druck ist es also, letzten Endes, der auf irgendeinem Wege (chemische Energie, Nerven?) zur Herzhypertrophie verwendet wird, der die notwendige Bedingung der Herzhypertrophie darstellt.

Während also eine Krankheit (Regulationsstörung) nur durch äußere Einwirkungen verursacht werden kann, ist die Bedingung des, durch diese Krankheit notwendigerweise bedingten und bestimmten regulatorischen Anpassungsvorganges im Lebewesen selbst gegeben.

Die Pathologie beschäftigt sich nun mit Regulationsstörungen und den durch sie bedingten regulatorischen Anpassungsvorgängen. Dabei muß also vor Augen gehalten werden, daß die verschiedensten, äußeren Einwirkungen dieselben Regulationsstörungen, also dieselben Krankheiten bedingen können, die Krankheiten aber bestimmte regulatorische Anpassungsvorgänge bedingen.

Daraus ergibt sich auch gleich die Methode der Pathologie: 1. sie sucht Zusammenhänge zwischen der äußeren Einwirkung und der Art der Regulationsstörung, 2. sie sucht Zusammenhänge zwischen den Regulationsstörungen und den durch dieselben bedingten regulatorischen Anpassungsvorgängen. Ihrer ersten Aufgabe entsprechend wird sie danach suchen, wo und wie ein im Lebewesen gegebener regulatorischer Lebensvorgang durch die verschiedensten äußeren Einwirkungen (Krankheitsursachen) gestört wird. Man könnte meinen, daß dazu die Kenntnis sämtlicher regulatorischer Lebensvorgänge in dem betreffenden Lebewesen nötig ist. Dies ist aber nicht der Fall. Im Gegenteil: eben durch den Zusammenhang zwischen der Art der durch die äußere Einwirkung hervorgerufenen Schädigung und des dadurch bedingten Ausfalls eines Regulationsvorganges wird es klar, welche Rolle das geschädigte Organ oder Gewebe in dem betreffenden Regulationsvorgang spielt. Dadurch wird uns die Möglichkeit gegeben zu beurteilen, ob die betreffende Schädigung eine notwendige und hinreichende Bedingung der Regulationsstörung ist; ob also das betreffende Organ oder Gewebe eine notwendige und hinreichende Bedingung der betreffenden Regulation ist. Die Aufgabe der Biologie ist es, wie wir immer betonten, die Bedingungen der Regulationsvorgänge im Lebewesen festzustellen. Dies kann aber nur in der Weise geschehen, daß wir die einzelnen Organe, Gewebe oder Zellen, oder gewisse, zwischen ihnen vorhandenen Relationen im Lebewesen ausschalten und nachsehen, ob auch ohne denselben die betreffende Regulation eintritt oder nicht. Die Pathologie tut nun dasselbe, indem sie zu bestimmten Schädigungen, zu bestimmten ausgeschalteten Faktoren die zugehörigen gestörten Regulationen sucht. Physiologie und Pathologie sind also die beiden biologischen Disziplinen, die beide die Bedingungen der regulatorischen Vorgänge im Lebewesen suchen. Sie unterscheiden sich nur in der Methode, indem die Physiologie zu bestimmten Regulationsvorgängen die sie bedingenden Faktoren im Lebewesen, die Pathologie dagegen zu bestimmten Faktoren im Lebewesen, die durch dieselben bedingten Regulationsvorgänge sucht. Im Experiment treffen sich beide.

Unseren Prinzipien entsprechend bedingt jede Krankheit einen bestimmten regulatorischen Anpassungsvorgang. Indem die Pathologie, ihrer zweiten Aufgabe entsprechend, die Zusammenhänge zwischen den Krankheiten und den durch diese bedingten regulatorischen Vorgängen sucht, tut sie ebenfalls nichts anderes, als die Bedingungen der Regulationsvorgänge im Lebewesen zu erforschen. Sie hat aber hier eine durch unsere Prinzipien gegebene Richtlinie, wo sie diese Bedingungen suchen soll. Denn dieser regulatorische Anpassungsvorgang tritt ein, weil durch das ausgeschaltete (geschädigte) Organ oder durch einen anderen ausgeschalteten Faktor eine gewisse Energie nicht zu regulatorischen Lebensfunktionen verwendet wird, was mit unseren Prinzipien im Widerspruch stehen würde, wenn nicht diese gewisse Energie auf anderem Wege zur Deckung einer regulatorischen Funktion verwendet würde. Wir wissen also immer, daß der notwendig eintretende regulatorische Anpassungsvorgang eben durch diejenige

Energie bedingt wird, welche durch das ausgeschaltete Organ oder den ausgeschalteten Faktor nicht mehr verwendet (transformiert) wird. (Siehe das Beispiel der kompensatorischen Hypertrophie im Kapitel Abbauprodukte, das obige Beispiel der Herzhypertrophie bei Klappenfehler usw.)

Nach dem bisher Gesagten glauben wir schon darauf hingewiesen zu haben, daß unsere Prinzipien sich in der Pathologie ebenso fruchtbar verwenden lassen werden, wie in der Physiologie und helfen werden einerseits begriffliche Unklarheiten zu eliminieren, andererseits fruchtbare Zusammenhänge zu finden, und die vorhandenen Tatsachen zu erklären. Es kann natürlich auch hier nicht unsere Aufgabe sein, durch sämtliche Tatsachen der Pathologie hindurchzugehen, wir werden uns damit begnügen, die Anwendbarkeit unserer Prinzipien in der Pathologie an einigen Beispielen ganz kurz zu zeigen.

XIII. Kapitel.
Atrophie, Degeneration, Entzündung.

Die Erscheinungen der Regeneration und der kompensatorischen Hypertrophie werden meistens auch in der Pathologie abgehandelt, da diese regulatorischen Vorgänge, wie wir das im II. Teile sahen, durch Regulationsstörungen, durch den Ausfall gewisser regulatorischer Faktoren im Lebewesen notwendigerweise bedingte und bestimmte regulatorische Anpassungsvorgänge darstellen. Wie wir im vorhergehenden Kapitel sagten, bilden diese Zusammenhänge schon den Gegenstand der Pathologie. Daß wir sie doch im vorigen Kapitel abgehandelt haben, lag nur daran, daß bei der Regeneration es sich um einen ganz allgemeinen für jedes Lebewesen charakteristischen Anpassungsvorgang handelt und es so angezeigt erschien, dieselbe gleich dort aus unseren Prinzipien abzuleiten. Die kompensatorische Hypertrophie wurde wieder als Beispiel für die regulatorische Bedeutung der Abbauprodukte angeführt, welche Bedeutung ebenfalls als eine Folge der Prinzipien sich hinstellen ließ. Die Grenzen sind eben nicht scharf. Nicht wie man irrtümlich annehmen würde, weil man Krankheit und Gesundheit, pathologisch und physiologisch, also gestörte Regulation und ungestörte Regulation nicht scharf abgrenzen könnte; dies ist durchaus nicht der

Fall. Die Grenzen sind verwaschen, weil es sich um dieselben Fragen handelt und nur die Fragestellung eine verschiedene ist, wie wir im vorhergehenden Kapitel sahen.

Ganz speziell sind es die Fragen des Todes und des Alterns, die beide Disziplinen: Physiologie sowie Pathologie für ihr eigen halten. Tod ist eine Erscheinung, deren allgemeine Bedingungen wir schon im allgemeinen Teil und im Kapitel über Wachstum und Vermehrung aus unseren Prinzipien ableiteten. Erfolgt der Tod durch eine Katastrophe, d. h. durch eine äußere Einwirkung, die den Anpassungsgrad überschreitet, dann handelt es sich um eine Krankheit, eine Regulationsstörung, die dann in das Gebiet der Pathologie gehört. Es gibt aber einen sogenannten physiologischen Tod, d. h. einen Tod, der nicht durch eine Regulationsstörung erfolgt, sondern der eintritt, weil die aus unseren Prinzipien abgeleiteten Bedingungen des Todes im Lebewesen gegeben sind*). Diese Bedingungen sind nun darin gegeben, daß das Lebewesen nicht restlos in die Ausgangsform übergeht, da durch den Zusammenhang der Zellen ein Differenzierungsgrad eintritt, der die Entdifferenzierung zur Ausgangsform erfahrungsgemäß nicht mehr gestattet (siehe Kapitel Zellenlehre, Zelldifferenzierung). Wir sehen demgemäß den sogenannten physiologischen Tod nur bei den mehrzelligen Lebewesen eintreten. Er tritt ein, nicht durch eine Katastrophe, durch eine äußere Einwirkung, sondern weil die nicht zur Ausgangsform sich entdifferenzierenden Zellen den allgemeinen Prinzipien der Biologie entsprechend notwendigerweise absterben müssen. Die zur Ausgangsform sich entdifferenzierenden Zellen werden nun nicht mehr durch die Lebensfunktionen der benachbarten Zellen als Einwirkungen der Umgebung beeinflußt, sie entwickeln sich aus den von der Umgebung assimilierten Stoffen zu neuen Lebewesen. In den sich nicht entdifferenzierenden Zellen spielen sich aber vor ihrem Tode Vorgänge ab, die dadurch bedingt sind, daß sie sich nicht mehr entdifferenzieren können, d. h. sie können ohne der Einwirkung der Lebensfunktionen der Umgebung nicht sämtliche Energien der Umgebung zur Gleichgewichtsvermeidung verwenden (siehe Definition der Zelle). Es treten in ihnen

*) Wir unterscheiden also konsequenterweise nur zwischen einem physiologischen und einem katastrophalen Tod.

notwendigerweise Regulationsstörungen auf, die zum Tode führen. Diese Regulationsstörungen in den Zellen, deren aus unseren Prinzipien ableitbaren allgemeinen Bedingungen im Lebewesen gegeben sind und die notwendigerweise zum Tode dieser Zellen führen, nennen wir das Altern.

Diese Regulationsstörungen in den Zellen werden also darin bestehen, daß sie nicht mehr die Energiequellen der Umgebung assimilieren können: Altersatrophie, oder sie können die assimilierte Energie nicht mehr zu gleichgewichtsvermeidenden Energieformen transformieren. Handelt es sich also — wie in allen uns bekannten Fällen — um chemische Energien von hoch-molekularen Verbindungen, so werden dieselben nicht in entsprechender Weise abgebaut, die entstandenen Abbauprodukte nicht in entsprechender Weise durch regulatorische Vorgänge eliminiert: Degeneration. Diese beiden Arten der Regulationsstörungen gehen bei dem Altern Hand in Hand. Durch die gestörte Assimilation wird die Zelle atrophisch, durch die gestörte regulatorische Energieumwandlung bleiben die hoch-molekularen Verbindungen in denselben liegen: fettige Degeneration, die Abbauprodukte werden durch die gestörte Regulation nicht eliminiert, sie bleiben ebenfalls in den Zellen liegen, manche von denselben (Purinderivate) werden zum Farbstoff umgewandelt: braune Atrophie, usw.; oder es erfolgt ein Abbau, welcher Energie liefert, die aber nicht zur Vermeidung des Gleichgewichtes dient, also kein regulatorischer Vorgang ist. Es erfolgen im allgemeinen Vorgänge, die eben eintreten, wenn die Zellen die durch ihren Differenzierungsgrad sich nicht mehr zur Ausgangsform entdifferenzieren, wenn sie den regulatorischen Einwirkungen der Lebensvorgänge der benachbarten Zellen nicht mehr ausgesetzt sind: »Autolyse«. Diese Alterserscheinungen sind also Folgen der im Lebewesen gegebenen allgemeinen Bedingungen und der Sätze, die wir im Kapitel »Wachstum, Vermehrung« und »Zellenlehre, Zellendifferenzierung« ableiteten. Sie finden in den Prinzipien und in diesen Sätzen ihre Erklärung.

Dieselben Erscheinungen der Atrophie und Degeneration können aber auch anders bedingt werden. Und zwar durch eine Regulationsstörung, also durch eine Krankheit im mehrzelligen Lebewesen, welche die regulatorischen Einwirkungen gewisser Lebensvorgänge der Umgebung der Zellen ausschaltet. Diese Zellen also, falls sie sich nicht entdifferenzieren können, werden ebenfalls Erscheinungen der Atrophie oder Degeneration zeigen müssen.

So z. B. wird durch eine Regulationsstörung der Einfluß der roten Blutkörper auf gewisse Zellen durch Verschluß eines hinführenden Gefäßes ausgeschaltet, so werden die Zellen Atrophie und Degeneration zeigen, falls sie sich nicht zur Ausgangsform entdifferenzieren können. (Die Eizelle degeneriert auch ohne Blutversorgung nicht; die »indifferenten« Zellen der bösartigen Geschwülste zeigen, trotz mangelhafter Blutversorgung neben Degenerationserscheinungen ein intensives Wachstum, also eine hochgradige Assimilation.)

Atrophie und Degeneration kann schließlich noch durch eine direkte äußere Einwirkung auf die Zelle bedingt werden, welche Einwirkung den Anpassungsgrad der Zelle überschreitet. In diesem Falle ist die eintretende Degeneration vom Differenzierungsgrad unabhängig, denn es wird der Grad der Anpassung an die gegebene Umgebung, also an die Einwirkungen der Lebensvorgänge der Nachbarzellen überschritten.

Atrophie und Degeneration sind also Störungen der Regulationen der Zelle selbst, bedingt entweder durch eine Katastrophe oder durch den Ausfall der regulatorischen Einwirkungen der umgebenden Lebensvorgänge infolge der hochgradigen Differenzierung resp. der Unfähigkeit zur Entdifferenzierung. Daher sind die degenerativen Erscheinungen, unabhängig von der die Degeneration bedingenden Einwirkung in jeder Zellart dieselben, da in einer Zellart immer dieselben regulatorischen Vorgänge gestört werden; und sie führen notwendigerweise zum Tode der Zellen. Denn sie treten, wie auseinandergesetzt wurde, eben nur dann auf, wenn die durch sie bedingten und bestimmten notwendigerweise eintretenden Regulations- resp. Anpassungsvorgänge nicht dazu führen, daß sämtliche aufgenommenen Energien wieder zur Gleichgewichtsvermeidung verwendet werden, d. h. wenn durch dieselben nicht wieder sämtliche Vorgänge in der Zelle regulatorisch werden; wenn also der Anpassungsgrad überschritten wird. Diese, wie bei jeder Krankheit notwendigerweise eintretenden, durch die Krankheit bedingten und bestimmten regulatorischen Anpassungsvorgänge sind eben: die

Entdifferenzierungsvorgänge. Wie wir aber sahen, tritt Degeneration ein, wenn eine Unfähigkeit zur Entdifferenzierung besteht (Altern, Degeneration durch Regulationsstörung im Lebewesen) oder wenn der Anpassungsgrad durch eine direkte Einwirkung der Umgebung überschritten wird.

Es gibt wohl auch eine Anzahl regulatorischer Störungen in den Zellen, die den Anpassungsgrad nicht überschreiten, bei welchen durch den notwendigerweise in der Zelle auftretenden regulatorischen Anpassungsvorgang (teilweise Entdifferenzierung) wieder unserem II. Prinzip entsprochen wird. Sie sind uns aber wenig bekannt. Mit Hilfe unserer Prinzipien und der rein biologischen Fragestellungen werden diese vielleicht auch leichter erkannt werden. Eben bei der Zellforschung wurde besonders der Fehler begangen, daß eine Physik und Chemie der Zelle betrieben wurde, aber nach den in der Zelle gegebenen Bedingungen gewisser Lebensvorgänge der Zellen selten gesucht wurde.

Die Degeneration der Zellen ist also eine Regulationsstörung derselben, die ihren Anpassungsgrad überschreitet, sie ist aber gleichzeitig eine Regulationsstörung des Lebewesens. Diese Regulationsstörung des Lebewesens, die durch die Degeneration gewisser Zellen bedingt wird, überschreitet aber den Anpassungsgrad des Lebewesens meistens nicht. Sie wird also notwendigerweise einen regulatorischen Anpassungsvorgang im Lebewesen bedingen. Diese Regulationsstörung des Lebewesens ist nun eine zweifache. Die erste besteht darin, daß die durch die Degeneration notwendigerweise absterbenden Zellen nicht mehr ihre regulatorischen Lebensfunktionen ausüben, nicht mehr die dazu nötigen Energien aufnehmen. Welche regulatorischen Anpassungsvorgänge durch diesen Ausfall bedingt werden, haben wir kurz bei der Regeneration und bei der kompensatorischen Hypertrophie besprochen. Die zweite Art der Regulationsstörung besteht darin, daß diese Zellen mit der Umgebung in Zusammenhang bleibend auf dieselbe Einwirkungen ausüben, an die sie nicht angepaßt ist. Denn wie wir in den Kapiteln über Anpassung und Zelldifferenzierung genauer darlegten, sind die Lebensvorgänge der Zellen im mehrzelligen Lebewesen eben durch die regulatorischen Lebensvorgänge der umgebenden Zellen bedingt und bestimmt. In den degenerierenden Zellen finden aber, wie wir sahen, keine regulatorischen Lebensvorgänge statt. Diese nicht regulatorischen Vorgänge in den degenerierenden Zellen sind also gleichzeitig Regulationsstörungen der Umgebung, die notwendigerweise regulatorische Anpassungsvorgänge im Lebewesen bedingen. Diese regulatorischen Anpassungsvorgänge im Lebewesen, die durch die veränderten nicht regulatorischen Vorgänge in den degenerierenden Zellen notwendigerweise bedingt werden, nennt man: Entzündung.

Über den Begriff der Entzündung wird in der Pathologie vielleicht am meisten diskutiert und fast jeder Autor definiert ihn anders. Demzufolge werden gewisse Vorgänge von den einen zu den Entzündungen gerechnet, von anderen nicht. Im allgemeinen aber stehen sich dabei zweierlei Arten von Definitionen gegenüber; diejenigen, welche die Entzündung als einen Objektsbegriff betrachten, indem sie, gewisse Einzelprozesse in eine Gruppe fassend, dieselbe als Entzündung bezeichnen (Gefäßerweiterung, Exsudation usw.) und diejenigen, welche, eine konstante Beziehung zwischen verschiedenen Erscheinungen (Funktionsbegriff) annehmend, die eine in konstanter Beziehung zur anderen stehende Erscheinungsgruppe mit dem Namen Entzündung bezeichnen (z. B. »Reaktion auf Gewebsschädigung«). Darin erblicken wir den Hauptgrund der verschiedenen Diskussionen über den Entzündungsbegriff. Will man den Entzündungsbegriff als einen Objektsbegriff definieren, so ist es eigentlich eine Sache der Konvention, welche Erscheinungen man mit zu denselben rechnet und welche nicht. Dies gilt aber nur, solange man die so definierte Erscheinungsgruppe nicht in eine gewisse Beziehung mit anderen Erscheinungen bringen will resp. kann. Sowie letzteres der Fall ist, sind wir in unserer Willkür beschränkt, indem wir mit solchen Erscheinungsgruppen operieren müssen, die mit anderen fruchtbar in bestimmte Beziehung gebracht werden können. Wenn wir aber annehmen, daß die Erscheinungsgruppe, die wir als Entzündung bezeichnen wollen, in bestimmter Beziehung mit anderen Vorgängen im Lebewesen steht, so kann die Entzündung nach den im vorigen Kapitel Gesagten nur als ein regulatorischer Anpassungsvorgang definiert werden. Denn zwischen den äußeren Einwirkungen und den durch sie bedingten Regulationsstörungen besteht kein bestimmter

Zusammenhang (die verschiedensten äußeren Einwirkungen können dieselben Regulationsstörungen bedingen), dagegen wird der regulatorische Anpassungsvorgang durch die Art der Regulationsstörung bestimmt (siehe voriges Kapitel). Darin liegt die Begründung der von uns oben gegebenen Definition der Entzündung. Sie hat aber ihre Berechtigung auch in ihrer Fruchtbarkeit, indem sie experimentell kontrollierbar ist. Es stehen uns die verschiedensten Wege zur Verfügung, degenerierende Zellen, sowie verschiedene Extrakte aus denselben in die Gewebe der Lebewesen hineinzubringen, um zu sehen, ob durch dieselben der erwartete regulatorische Anpassungsvorgang: die Entzündung bedingt wird; oder richtiger, welche regulatorischen Anpassungsvorgänge konstant eintreten, die wir dann als Entzündung bezeichnen werden. Solange diese Experimente nicht ausgeführt sind*), bleibt die Annahme einer derartigen bestimmten Beziehung rein hypothetisch und somit beruht auch die obige Definition auf einer Hypothese. Der natürliche Vorgang wäre natürlich, erst dann die obige Definition zu geben, wenn dieser Zusammenhang experimentell schon festgestellt ist. Solche Umwege sind aber in jeder Wissenschaft häufig. Die Annahme selbst ist dagegen durch unsere Prinzipien wohl begründet.

Wir erwähnten, daß die Degeneration der Zellen eine zweifache Regulationsstörung bedingen: den Ausfall der Funktion der degenerierenden Zellen und die durch die nicht regulatorischen Vorgänge entstehenden Störungen (Abbauprodukte). Die erste Störung bedingt die Regeneration, die zweite die Entzündung. Den Vorgang, wo beide nebeneinander vorhanden sind, hat man als produktive Entzündung bezeichnet. Es ist einleuchtend, daß dies prinzipiell immer der Fall ist, weshalb man die Zellproliferation öfters auch als eine notwendige Teilerscheinung der Entzündung betrachtete.

---

*) Versuche zum Nachweise einer derartigen konstanten Beziehung wurden inzwischen von uns, gemeinsam mit Herrn A. Partos, in Angriff genommen. (Anm. bei der Korrektur.)

XIV. Kapitel.
Die Geschwülste.

Das Problem der Geschwülste ist eines der ältesten, interessantesten und allgemein biologisch, wie auch praktisch vielleicht das bedeutungsvollste in der Pathologie. Wir wollen in diesem Kapitel kurz untersuchen, zu welchen Fragestellungen und Schlußfolgerungen uns die Anwendung unserer Prinzipien auf dieses Problem führt und ob sie uns gewisse Richtlinien zur experimentellen Erforschung dieser Frage geben können.

Die Geschwülste zeigen, wie man zu sagen pflegt, »dem Organismus gegenüber eine gewisse Selbständigkeit«, sie »wachsen auf Kosten des Organismus« usw. Es ist demnach klar, daß es sich bei den Geschwülsten um eine Regulationsstörung und nicht um einen durch eine solche bedingten regulatorischen Anpassungsvorgang handelt, wie z. B. bei der Entzündung, oder bei der kompensatorischen Hypertrophie. Bei der Geschwulstfrage ist also das Problem: welcher regulatorische Lebensvorgang muß gestört werden, damit diese Störung eine notwendige und hinreichende Bedingung einer Geschwulstbildung darstelle? Die Geschwülste sind Wachstumsvorgänge, bei welchen die neu gebildeten Teile: Zellen nicht ausschließlich regulatorische Funktionen ausüben, also nicht oder nur teilweise durch die regulatorischen Einwirkungen der Umgebung beeinflußt werden (siehe die Kapitel Zelldifferenzierung und Regeneration); im speziellen ist es das Wachstum, also die Assimilation der neugebildeten Teile, das nicht durch die Umgebung beeinflußt wird.

Nun wissen wir, daß ein Wachstum, eine Zellproliferation durch eine erhöhte Assimilation bedingt wird. Die erhöhte Assimilation wird aber durch eine Zustandsänderung der Umgebung bedingt, welche in dem Wegfall gewisser Zellen der Umgebung gegeben ist (siehe Regeneration). Dieser Wegfall gewisser Zellen stellt eine Regulationsstörung dar, welche als einen regulatorischen Anpassungsvorgang die Zellvermehrung in der Umgebung: die Regeneration bedingt. Diese Zellvermehrung führt aber nicht zu einer Geschwulst und zwar deshalb nicht, weil die neugebildeten und indifferenten Zellen durch die regulatorische Einwirkung der Umgebung wieder ausschließlich regulatorische Funktionen ausüben. Wie aus unserer Definition der Zelle und den bei der Regeneration Gesagten notwendigerweise folgt, sind die bei der Zellproliferation entstehenden Zellen »indifferent«, »embryonal«, d. h. ihre Lebensfunktionen werden nicht notwendigerweise von den Lebensfunktionen der mit ihnen im Zusammenhang stehenden Zellen bedingt und bestimmt, sie würden unabhängig von diesen als Lebewesen weiter existieren. Wenn daher der regulatorische Einfluß der Umgebung auf die, bei dem regulatorischen Anpassungsvorgang der Zellvermehrung, neugebildeten Zellen nicht eintritt, so werden die neugebildeten Zellen nicht ausschließlich regulatorische Funktionen ausüben, sie werden eine gewisse Selbständigkeit gegenüber der Umgebung zeigen, d. h. es kommt zu einer Geschwulstbildung. Eine vorangehende Zellproliferation, eine Regeneration muß angenommen werden, denn nur bei derselben sind die Bedingungen einer erhöhten Assimilation gegeben und werden »indifferente« Zellen gebildet. Wir kommen also zu dem Schlusse, daß die Geschwulstbildung nicht durch die Störung eines im Lebewesen ständig vorhandenen regulatorischen Vorganges, sondern durch die Störung eines durch Gewebs- resp. Zellausfall bedingten und bestimmten regulatorischen Anpassungsvorganges: der Regeneration bedingt sind.

Mit dieser Schlußfolgerung stehen auch sämtliche Tatsachen in sehr gutem Einklang. So die Tatsachen, daß die Geschwülste sich häufig dort bilden, wo langdauernde Entzündungsvorgänge abgelaufen sind, die mit einer Gewebsschädigung und wie wir im vorigen Kapitel sahen, auch mit Regeneration und Zellproliferation einhergehen. Weiterhin die auf die Erfahrung gegründete Annahme, daß zu einer Geschwulstbildung ein Reiz und noch irgendein hinzutretendes Auslösungsmoment notwendig ist. Der Reiz ist nämlich in der Gewebsschädigung und der durch dieselbe notwendig bedingten Regeneration gegeben, das Auslösungsmoment aber in der Störung der Regeneration: in der Störung des Zusammenhanges zwischen den neugebildeten »indifferenten« Zellen und den Nachbarzellen. Sie steht auch mit der Erfahrungstatsache im Einklang, daß die Geschwulstbildung in den Geweben am seltensten ist, die am höchsten differenziert sind, denn diese Gewebe sind aus den im Kapitel Regeneration dargelegten Gründen auch zur Regeneration am wenigsten fähig, diese ist aber eine Bedingung der Geschwulstbildung, denn sie besteht ja eben in der Störung derselben. Die Fälle, in welchen die Geschwulstbildung aus liegengebliebenen embryonalen Zellen erfolgt, können wir als einen Spezialfall betrachten, indem hier die embryonalen Zellen auch ohne einen Regenerationsvorgang schon gegeben sind. Das Auslösungsmoment kann in diesen Fällen nur in einer Zustandsänderung der Umgebung bestehen, die zu einer erhöhten Assimilation dieser Zellen führt, was ebenfalls durch einen Ausfall (eine Schädigung) der Umgebung bedingt werden kann.

Diese Überlegungen beziehen sich auf gutartige, wie bösartige Geschwülste. Wie es auch in der Erfahrung fließende Übergänge zwischen gutartigen und bösartigen Geschwülsten gibt, so kann auch kein prinzipieller Unterschied zwischen denselben aufgestellt werden. Wir wollen nur hinzufügen, daß, wenn wir bei den gutartigen Geschwülsten davon sprechen, daß bei denselben die regulatorische Einwirkung der umgebenden Gewebszellen auf die neugebildeten Zellen eine vollständigere gewesen ist, so sind darunter eben nur die vor der Regulationsstörung bei der Regeneration neugebildeten Zellen zu verstehen. Je früher dieselben nämlich ihren Zusammenhang mit der Umgebung verlieren, um so bösartiger, »indifferenter« werden die Geschwulstzellen; je später, um so gutartiger, um so mehr haben sie sich differenziert: war die Differenzierung schon eine vollständige, so kommt es zu keiner Geschwulstbildung.

Unsere obige Annahme über die Bedingungen der Geschwulstbildung ist eine direkte Folge unserer Prinzipien und steht mit der Erfahrung in gutem Einklang, d. h. die Erfahrungstatsachen können mit derselben gut erklärt werden. Sie steht dem wesentlichen Sinn unserer Prinzipien entsprechend in direktem Gegensatz mit der in letzter Zeit häufig vertretenen Ansicht, »daß das Prinzipielle bei der Geschwulstbildung in die Tumorzelle selbst zu legen ist, daß alles auf ihre quantitative Abartung ankommt, während Veränderungen in der Umgebung nur eine untergeordnete Bedeutung einzuräumen ist«. (M. Versé: Das Problem der Gsechwulstmalignität, G. Fischer, Jena 1914, S. 63). Die qualitative Abänderung der Zelle besteht in ihrer mehr oder minder vollständigen

»Entdifferenzierung« derselben, wie dies auch Ribbert und v. Hansemann annimmt, diese Entdifferenzierung ist aber ebenso wie die Differenzierung selbst, nach unseren Prinzipien notwendigerweise durch die Umgebung bedingt. Sind unsere Prinzipien richtig, so muß die Annahme über die Bedingungen der Geschwulstbildung auch richtig sein, denn sie ist eine direkte Folge der ersteren. In dieser ganzen Arbeit hindurch konnten wir uns aber des öfteren über die Richtigkeit resp. Fruchtbarkeit dieser Prinzipien überzeugen. Wenn die Anwendung derselben auf die Geschwulstfrage nun zu einer, der herrschenden Ansicht entgegengesetzten zwingt, so konnten wir nicht umhin, dies hervorzuheben, wenn wir auch darauf verzichten müssen, sämtliche Argumente und Erfahrungen für und gegen aufzuzählen.

Die Anwendung der Prinzipien auf die Geschwulstfrage gibt uns aber auch eine Richtlinie im Experiment. Die oben angegebenen Bedingungen, die Störungen der Regeneration, können vielleicht, wenn auch mit großer Mühe experimentell erzeugt werden. Dies ist bei der »qualitativen Abartung« der Tumorzelle dagegen durchaus aussichtslos.

Schluß.

In dem II. und III. Teil versuchten wir die Prinzipien auf einzelne Kapitel der allgemeinen Biologie, der Physiologie und Pathologie anzuwenden. Wir glauben, daß es uns gelungen ist, zu zeigen, daß sich unsere Prinzipien zur Erklärung der verschiedenen Tatsachen gut bewähren in dem Sinne, wie wir dies von naturwissenschaftlichen Prinzipien oder Gesetzen im I. Teil erforderten. Während wir unsere Prinzipien im I. Teil aus der Definition rein deduktiv ableiteten, sollen die angewandten Teile einen empirischen Beweis für ihre Richtigkeit geben.

Wir glauben in den einzelnen Kapiteln des öfteren deutlich darauf hingewiesen zu haben, wie die Anwendung unserer Prinzipien uns zu gewissen Experimenten sozusagen direkt auffordert und uns in dieser Richtung als Wegweiser dient. Wir sahen auch Beispiele dafür, daß gewisse Tatsachen, die bisher unzusammenhängend erschienen, ihre Erklärung fanden. Die Prinzipien erfüllen also das, was wir von ihnen im I. Teil forderten.

Zum Schluß wollen wir nur noch einmal darauf hinweisen, daß es sich trotz der Anwendung der thermodynamischen Sätze und Ausdrücke, nicht etwa um eine »mechanistische« Auffassung der Lebewesen handelt; aber auch nicht um eine »vitalistische«, sondern um eine rein naturwissenschaftliche, bei welcher diese Begriffe völlig inhaltslos werden. Was das wesentliche an den Prinzipien ist, das liegt eben darin, daß sie uns das Biologische von dem rein Chemischen und Physikalischen zu unterscheiden lehren; daß sie die rein physikalischen und chemischen Fragen von den biologischen scharf abgrenzen. In den Prinzipien ist eben die biologische Bedeutung der verschiedenen energetischen Zustände ausgedrückt. In der Definition und den aus ihr abgeleiteten Prinzipien findet die sogenannte »Spontaneität« der Funktionen der Lebewesen auch ihren Ausdruck.

Wir sehen auch, daß eben durch die scharfe Abgrenzung der physikalischen Fragestellungen von den biologischen uns die ermunternde Aussicht gegeben ist, die biologischen Fragen einer exakten Lösung näher zu bringen, ohne eine genaue Kenntnis sämtlicher physikalischer und chemischer Vorgänge im Lebewesen zu haben. Die Ansicht, daß die biologischen Fragen erst durch die Kenntnis sämtlicher, physikalischer und chemischer Vorgänge im Lebewesen einer Lösung näher gebracht werden können, ist die Folge aus Exaktheitsvorurteilen stammenden falschen Fragestellungen. Vielmehr wird die Kenntnis dieser physikalischen und chemischen Vorgänge durch die vorangehende Lösung der biologischen Probleme erreicht werden.

Juni 1920.